図解

樹木の診断と手当て

木を診る　木を読む　木と語る

堀　大才・岩谷美苗　著

農文協

序文

植物は光合成により有機物を生産し、それを体の中に貯えたり、エネルギー源として使ったりしながら生活しています。また草原、森林など多様な植物群落を形成し、豊かな土壌をつくり、たくさんの生物に食べ物やすみかを提供しています。とくに森林は樹木というとても巨大で長命な植物によって構成されており、自然生態系の中でも特別に重要な働きをしています。その森林を構成する個々の樹木がどのような考えをもち、どのように生活しているかを、樹木の発する言葉―樹形として現われるボディランゲージ―から読み取ることができます。この言葉が理解できれば、私たちは樹木が何を欲しているか、樹木とどのようにつきあったらよいかを知ることができます。本書はその樹形や色として現われる樹木の言葉を解説しようとしたものです。

本書を書くきっかけとなったのは、共著者の岩谷美苗さんが農文協発行の『現代農業』誌に平成10年1月号から平成12年12月号まで27回にわたって「木を診る木を知る」と題して木の形や取り扱いについて連載したことです。今回、本書をまとめるにあたり、内容的にはかなり手を加え、項目も大幅に増やしました。文章はできるだけ簡潔にし、イラストも親しみやすいものとしましたが、可能な限り最新の科学的成果を盛り込むように努力しました。また、一方では筆者らが長年樹木の調査にたずさわる中で発見したことも、たとえそれが科学的にはまだ検証がなされていないことであっても、樹木を理解するうえではそのように考えるのが合理的だと思われることについては取り入れるようにしました。本書がひとりでも多くの人の樹木に対する興味や関心を高め、樹木を正しく取り扱い、身近な環境や生態系を改善するための一助となれば幸いです。

最後に、本書の発行に惜しみないご協力を賜った農文協の方々、とくに書籍編集部に対し深く感謝の意を表します。

執筆者代表　堀　大才

目次

PART2

木の育つしくみ—誤解をしていませんか 69

PART3

木の診断と管理法−誤解だらけの管理方法　121

レイアウト/條 克己

樹形八変化

木のボディーランゲージ

1 ちょっとお散歩

木は普通、水のない所に根を伸ばすことはできません。乾いたコンクリートの上に根を這わせることはできないのです。この木は、縁石の上に落ち葉などがたまっていて土のような状態だったので、根を伸ばすことができたのではないでしょうか。そしてある日、落ち葉を掃いてみたら、根は地面に着地していたのです。

2 もういい子はや〜めた

チャボヒバは、原種であるヒノキの葉の形が変わった園芸種です。

この木は、葉の部分をひんぱんに軽く刈り込みされて、まるい形が保たれてきました。あるとき、枝の中から強い徒長枝が出てきました。それは形をくずす枝なので、すぐに元から切られました。

しかし、樹皮が褐色になった枝の部分で切ったため、そこから出た葉は元のヒノキの葉に戻ってしまいました。葉の形が下の葉と違うのがわかりますか?上の葉だけ先祖返りをしたのです。

緑色の若い枝の範囲内で葉を摘むように剪定していれば、いつまでも短くつまった形の葉が保たれますが、褐色になった部分で枝を切ると、そこから出る萌芽枝《ほうがし》は、原種の形に戻りやすいのです。

3 闘病生活数十年

このプラタナスは、「永年性がんしゅ」という胴枯れ病の一種にかかっています。この病気は、形成層、篩部《しぶ》細胞、辺材の柔細胞など生きた細胞を侵します。毎年春になって木が年輪生長を始めると、病気の拡大は一時停止しますが、秋になって生長がとまると広がります。木は病気を広げまいと抵抗していますが、年々病巣は少しずつ広がっています。

的のような輪の数を数えると、おおざっぱですが何年前にこの病気にかかったかがわかります。このプラタナスは、かなり長い年月、永年性がんしゅと闘っています。

4 ウエイトリフティング

サクラの根元の墓石がみごとに持ち上げられています。墓石の下に根があり、その根が太くなるにつれて石が上へ持ち上げられ、上のブロックは割れてしまいました。

天然記念物に「石割り桜」というのがありますが、墓石を割るのは歓迎されないでしょう。しかし、サクラに悪気があったわけではありません。墓の下に伸びた根が太くなったのは、自分の体を支えるために必要なことだったのです。

5 いじめだよ～こんな場所に植えないで

木は大きくなり続けないと生きてはいけない生き物です。この木は、樹高20～30mの大木になることのできるシラカシです。

このような屋根の下に、どうして大木になる木を植えたのでしょう。木の先端を見ると、すでに屋根につっかえています。木を植えるとき気が付かなかったのか、いや、気が付いていても設計でそうなっていたので事務的に植えられたのでしょうか。

この木の将来は、苦難に満ちています。木は生き物です。生き物ということを無視して、木を誤った場所に植えるのは「いじめ」です。

6 支柱の功罪

植えた木が風で揺すられると根も揺すられ、細根や根毛が土と密着しなかったり切れたりするので、活着が悪くなります。そこで支柱をして支えました。しかし、長い間支柱にきつくしばっておくと、別の問題が生じます。

支柱の横木を長い間つけっぱなしにしておくと、木はその支柱を飲み込もうとします。きつくしばられた部分では、内樹皮の篩部組織が十分に形成されなくなり、上から降りてきた糖分などが幹の下部にまでいきにくくなり、しばられた部分の上部にたまります。すると、そこの部分の組織が異常に肥大し、障害となっている横木を乗り越え下部の組織と連絡しようとするのです。支柱より少し上と下の幹の太さを比較してみてください。上のほうが少し太くなっているのがわかりますか。

力学的な要因もあります。支柱より下の幹は固定されているのであまり太くなる必要がなく、支柱より上の幹は揺れるために風荷重に反応して太くなったのです(詳しくは157ページ参照)。

7 樹幹注入

樹幹に栄養剤や薬剤を注入する方法がはやっていますが、この方法は木にとっては大変なストレスを与えます。木は動物とは違うのです（詳しくは140ページ参照）。

8 外科手術

腐った部分を削り取ったり防腐剤を塗ったりコンクリートを詰めたりする外科手術は、長い間、重要な治療技術のひとつとして行なわれてきましたが、今ではその効果はほとんど否定されています。

木は病害虫に抵抗するための防御層をつくる力をもっており、外科手術はその防御層を破壊しかねないからです（詳しくは137ページ参照）。

PART 7

樹形からわかる 木のメッセージ

幹が語る

この縦すじは
なんでできたの？

幹が語る 1

縦すじの種類とできる理由

木をよく見ると、幹や枝にすじやしわがあります。これらがなぜできたのか、すべてに理由があります。

木は過去に起きたいろいろな出来事を体に刻み込み、体全体で表現しています。樹皮を観察することにより、過去にどんなことがあったのか推測できます。

材が割れた跡

風などの力を受けて材が割れると、このような縦すじができる場合があります。

幹の反対側にも同じような縦すじがあれば、左右の大きな揺れによって材の真ん中に亀裂ができたことを表わしています。縦割れは、力学的にはあまり大きな問題ではありませんが、割れた部分から材質腐朽菌が侵入し縦に腐朽してゆくと大変です。

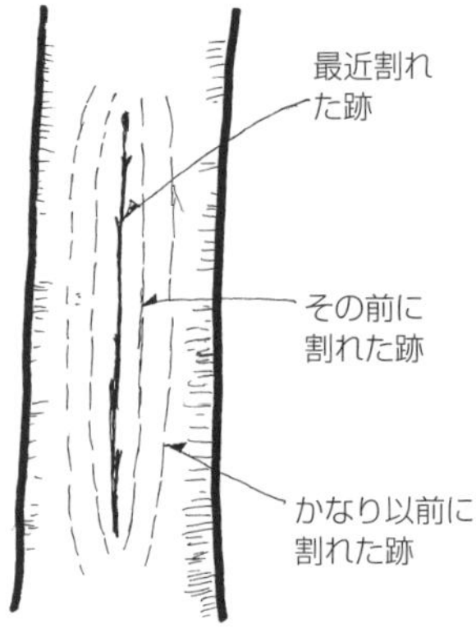
最近割れた跡
その前に割れた跡
かなり以前に割れた跡

ずれる
左右の大きな揺れで材の中央に縦に亀裂ができた

細かい縦じわは活力不足

サクラやシラカンバなどでは、木はまだ若いのに、樹皮表面に非常に細かい縦じわがたくさんできることがあります。材が盛んに太っているときは、樹皮は横方向につっぱられてなめらかになりますが、活力が衰えて材の生長が遅くなり、樹皮が乾きぎみになると、細かな縦じわができてきます。

元気なサクラの若木の皮は横につっぱっている

溝腐れ症状または落雷

縦すじは溝腐れが原因の場合もあります。形成層が死んでくぼんだ溝状の縦すじが枯れた枝の跡から始まっていたら、溝腐れの可能性があります。その場合の縦すじは、広葉樹では枝の跡から下のほうへ長く伸びることが多いようです。針葉樹では枝から上下方向へ伸びて、紡錘形の形になることが多いようです。

また、幹のてっぺんから始まって長く下まで続いている縦すじは、落雷が原因の可能性もあります。

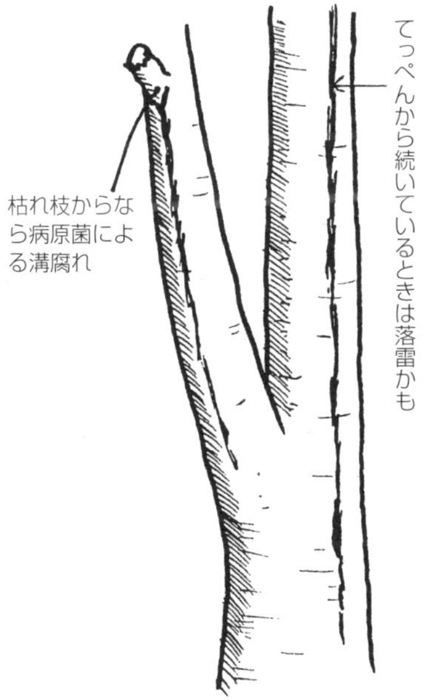
枯れ枝からなら病原菌による溝腐れ
てっぺんから続いているときは落雷かも

傷をふさいだ跡

縦長の傷や穴をふさいだ跡も、縦すじになります。幹に穴ができると、木は幹が折れないように、穴の左右の材を円柱のように太らせて強度を高めます。そして、しだいに穴が左右からふさがってきて、完全にふさがると、その跡が縦のすじとなります。

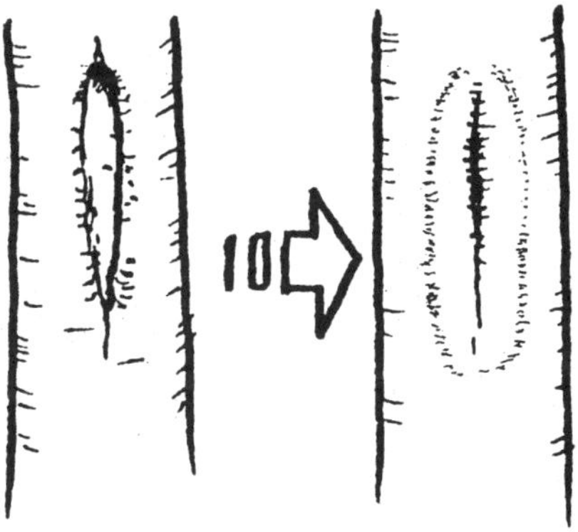
10

癒傷組織が発達して傷をふさいだ跡

活発な肥大で
古い樹皮が割れた跡

太く元気な枝の下には、よく縦すじができます。元気の良い枝の下の部分は、枝から多くの糖分などが送られるためと、急激に大きくなる枝を支えるために、肥大生長が盛んになります。すると、古い樹皮が縦に割れ、中から新鮮な樹皮が現われて幅の広い縦すじとなります。

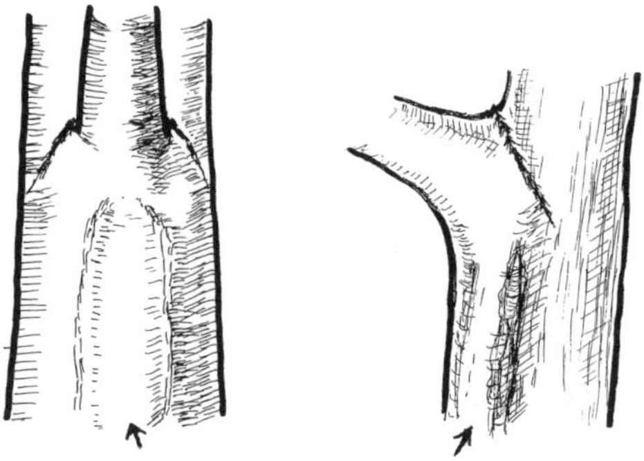

太く元気な枝の下は肥大生長が盛んなので古い樹皮が割れて、中から新鮮な皮が出てくる

少ない栄養分で
合理的に材をつけ幹を強化

多くの木では、若木のときは均等に材をつけ円柱状に幹が太ってゆきますが、老木になると必要な部分にだけつけるようになります。たとえば、直径50cmの円形の幹の木が年輪幅5㎜で生長したとすると、その年にできる材の断面積は約79㎠になります。一方、直径1mの木が同じく年輪幅5㎜で生長したとすると、その年にできる材の断面積は約158㎠となります。つまり、同じ年輪幅で生長するといっても、幹に必要な材の量は、直径１ｍの木のほうが約２倍も多くなり、高さが高くなり、枝も根も多くなることを考えると３倍近くになります。

しかし、樹木は、幹の太さや高さに比例して葉の量を増やし光合成を盛んにすることはなかなかできません。とくに古木になると、幹の直径が増えても材の生長に使えるエネルギーの量はあまり増えないのです。そうなると樹木は、力学的に高い負荷がかかって応力の働いている部分に優先して材をつけるようになります。太い枝や太い根とつながっているところは、強い応力が働いているので盛んに材をつけて生長し続けます。このような生長はシデ類やカリンなどで顕著です。できるだけ合理的に材をつけ、少ない材料で幹を丈夫にするための工夫です。

古木になると最も力のかかっているところにのみ材をつけていく

横すじの種類とできる理由

横すじは縦すじに比べてずっと深刻です。幹折れの危険が高くなったり、養水分の流れが阻害される原因になるからです。

材が割れた跡

風などの力で割れが入っている場合は、横すじの部分が尖った感じになります。幹の横割れは幹折れの原因となりやすく、木にとってとてもやっかいな傷です。

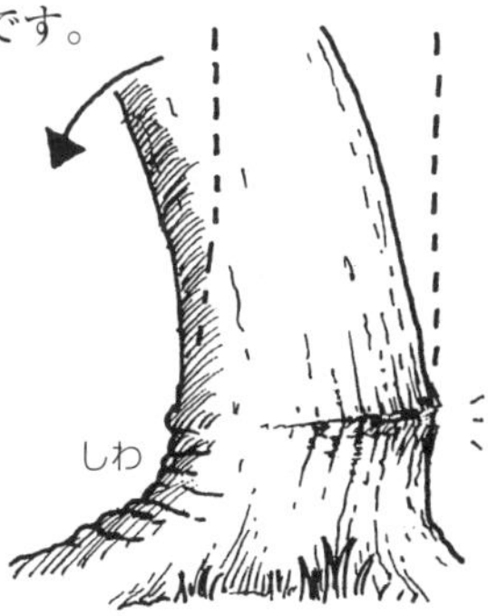

強風などで割れた跡

カミキリムシの食害の跡

シロスジカミキリやゴマダラカミキリは、穴を横に続けてあけます。とくにシロスジカミキリの成虫は、横に這いながら幹を１周するように卵をひとつずつ産みつける習性があります。卵からかえった幼虫が孔道を掘りながら成長してゆくうちに孔道も大きくなります。それが風にゆすられると亀裂が入って穴同士がつながると、それが横すじになります。

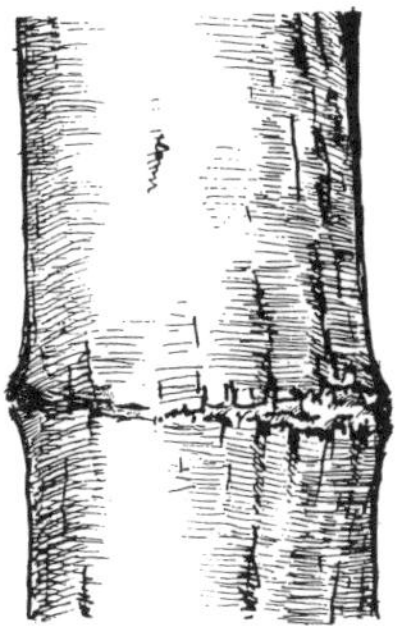

ナラ、カシ類のシロスジカミキリの幼虫の食害の跡
成虫は卵を横に這いながらひとつずつ産みつけていく

コナラなどのナラ類の幹の高さ1.5m前後に横すじがあって、その部分が鋭角に出っぱっている場合は、シロスジカミキリの穿孔跡です。

シラカシなどの木の地際から高さ３ｍぐらいまでの幹に凹凸の激しい不規則に盛り上がったすじがある場合は、ゴマダラカミキリの穿孔の可能性があります。ゴマダラカミキリの幼虫が食べた部分の周囲が盛り上がるのは、皮の篩部が食べられると上から降りてきた糖がそこにとどまるため、その部分の生長が活発になり、さらに形成層が損傷部分を補おうと生長を速めるからです。しかし、カミキリムシの幼虫が運んできた病原菌の刺激で、細胞が植物ホルモンの濃度に異常をきたしている可能性も考えられます。

ゴマダラカミキリの幼虫の食害の跡
地際に多いが高さ２ｍほどの所にも発生

ひもを巻いた跡、支柱の跡

幹にひもやワイヤーをゆるく巻いたつもりでも、木はいつしか太くなり、ひもやワイヤーの部分がくびれてきます。そこで木は折れないようにするために、その上に材をかぶせて飲み込んでしまいます。ひもが飲み込まれた部分は横すじとなりますが、ひもの部分は材の組織がつながっていないので、力学的に弱いままです。すると木は、その部分を突き出すように材を生長させます。

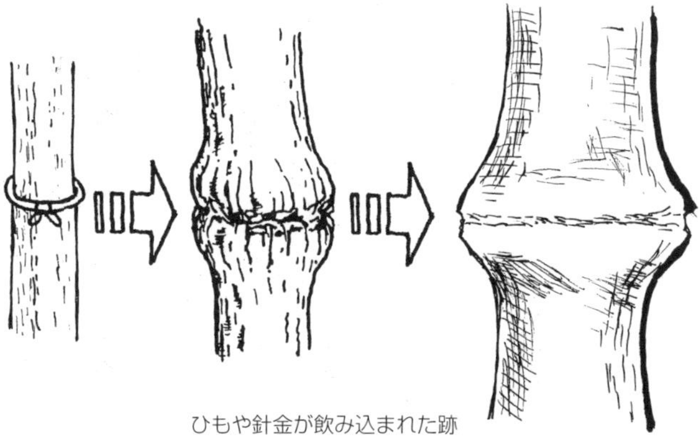

ひもや針金が飲み込まれた跡

圧縮を受けてできた横しわ

枝の下や幹の根元の湾曲している部分には、しばしば蛇腹のような横方向のしわがあります。

樹木の重さと風圧により根元が圧縮を受けたり、枝が自分の重さで少しずつ下がっているときに現われます。

湾曲している部分が生長すると距離が短くなることもしわができる原因となります。

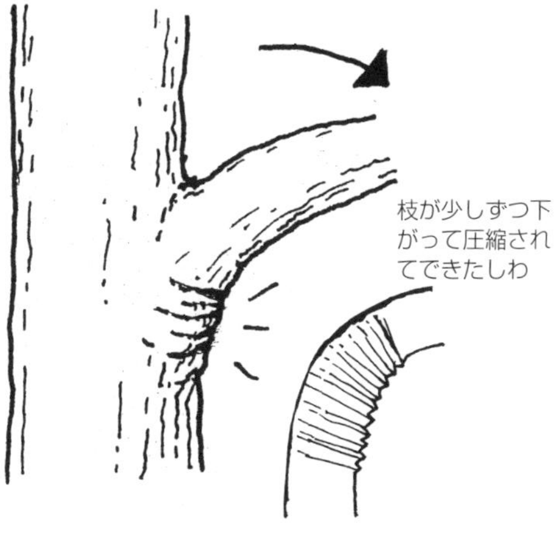

枝が少しずつ下がって圧縮されてできたしわ

内側に湾曲した部分は肥大生長すると、かえって距離が短くなるため、しわとなる

枯れ枝や休眠芽《きゅうみんが》の跡

ケヤキやエノキなどでよく見られる横すじです。これは、小枝が枯れて落ちた跡や休眠芽の跡です。芽ができても発芽せずに樹皮の下に残った休眠芽は、幹が生長するときに形成層が芽の原基を同じ場所につくり続けるので材の中に埋没せず、図のように常に樹皮表面に出てきます。幹が太るにつれてその部分がだんだん横に長く少し盛り上がって横すじになります。長いものほど、木や枝が細いときに形成された古い休眠芽です。

木は樹冠の陰になった下枝を落としながら大きくなっていきます。枝が落ちた跡にできた芽も休眠芽となって、同じように幹が年々太くなるにつれて横に広がっていきます。

木は、樹冠の高い所の枝が元気がなくなったり、剪定などで枝が失われたりすると、この横すじから芽を吹かせます。これが太い幹や枝から出る胴吹《どうぶ》き枝です。木は樹冠の先の枝が枯れても、すぐに新しい枝を出せるように保険をかけているのです。

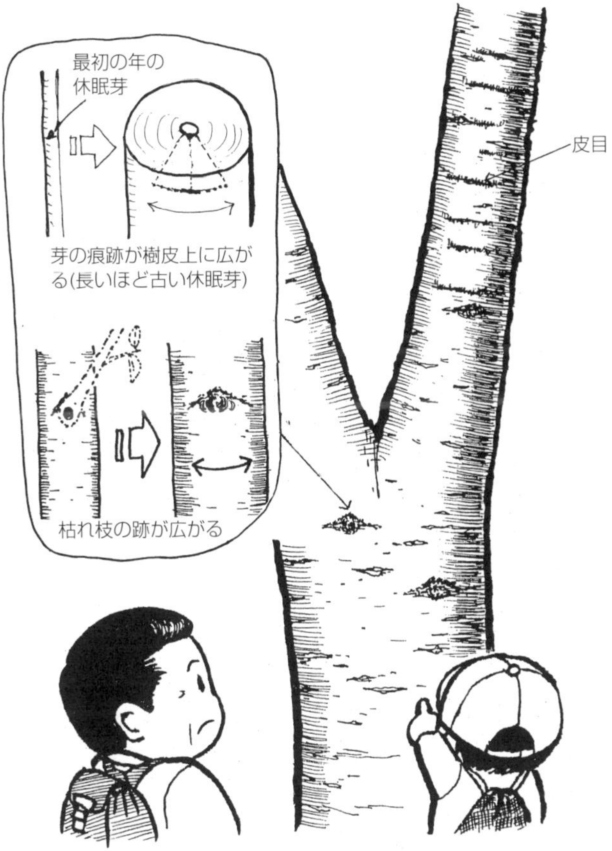
最初の年の
休眠芽
芽の痕跡が樹皮上に広がる(長いほど古い休眠芽)
枯れ枝の跡が広がる
皮目

サクラの横すじ＝皮目《ひもく》

サクラの樹皮には横に伸びたすじがたくさんあります。これは皮目の列です。

皮目とは、樹皮の中の篩部柔細胞や形成層が呼吸するために必要な酸素の取り入れ口です。コルクが特殊な状態で発達し、空気は通っても病原菌などは入り込めないようになっています。この皮目の列の長さで、サクラの種類をある程度分けることができます。

こぶの種類とできる理由

木にこぶがあると、取ってしまったほうが良いのではないかと思いがちですが、こぶができる原因にもいろいろあり、取るとかえって枯れてしまうものもあります。幹や大枝にできた大きなこぶは、取ってしまうと大きな傷になり、幹を枯らす病気や害虫の侵入門戸となります。大きくなったこぶは、取らないほうが良いのです。

どんな原因で、木にこぶができるのでしょう。

こぶはなぜできるの？

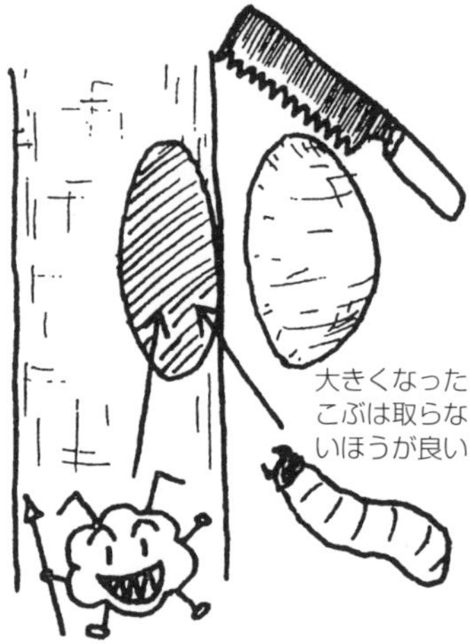
大きくなったこぶは取らないほうが良い

断面

マツのこぶ病

エンジュのこぶ病

菌類によるこぶ病

マツやエンジュの幹のこぶ病は、サビ菌という菌類が起こす病気です。病原菌に侵入された部分が植物ホルモンの濃度に異常をきたし部分的に異常な生長をします。植物ホルモンはオーキシンという種類です。

細菌によるこぶ病

フジやヤマモモのこぶは細菌による病気です。剪定の傷などから感染します。サクラ、モモなど多くの広葉樹の根にできる根頭がんしゅ病も、細菌の一種による土壌感染性の病気です。根頭がんしゅ病菌が侵入すると、正常な細胞がガン化して増殖し、こぶになります。病気は根から幹へと転移することがあり、まるで動物のガンのようです。こぶ状の患部が腐ると腐朽菌の侵入門戸にもなります。

また、ケヤキ、ナラ類、エノキ、クスノキなどにも幹に大きなこぶができることがありますが、原因不明なものが多いようです。

接ぎ木の跡

ゴヨウマツは、よくクロマツの台木に接いで増やしますが、台木のクロマツのほうが生長速度が速いため、根元がこぶ状にふくれます。これを「台勝ち」といいます。

クロガネモチは雄木と雌木が別なので、赤い実をつける苗木を確実に得るために、雌木の挿し穂を実生苗に接ぎ木します。そうすると穂木よりも実生の台木のほうが生長が良いため元がふくらんできます。台木と穂木が同じ樹種でも、このように台勝ちとなることがあります。

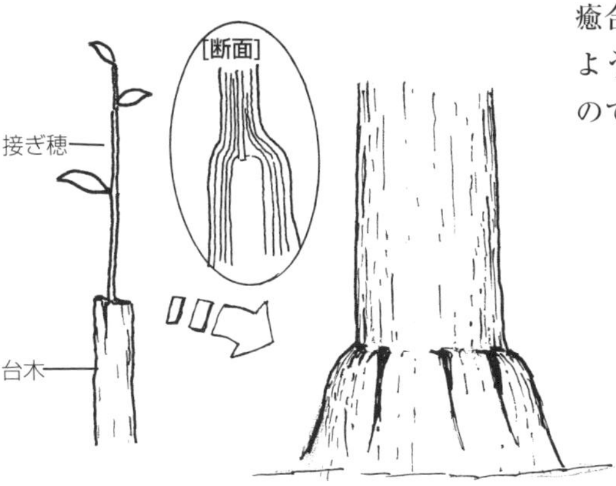

台勝ち

逆に台木のほうが生長が遅いと、穂木の接ぎ木の部分がこぶ状に太くなります。これを「台負け」といいます。

また、接ぎ木では、しばしば接ぎ木部分が飛び出てこぶ状になることがあります。台木と穂木の組織がしっかり癒合していないと、木は急いで補強しようとして、こぶのように盛り上がるのです。

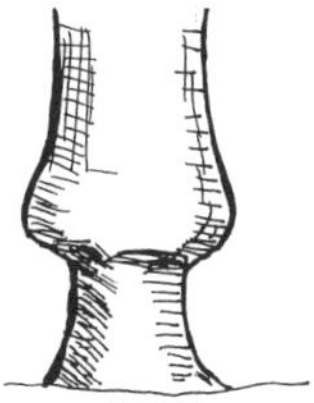
台負け

剪定の大きな切り口の癒合

枝を切られた後、木は傷をふさごうとまわりの組織が盛り上がってきます。切り口が完全にふさがるとこぶのようになります。また、傷口をふさぐ組織の中には新しい芽ができて、たくさんの枝を出すことがあります。この芽を「不定芽《ふていが》」といいます。この芽が伸びた枝を切り続けると、そこがさらに盛り上がってこぶのようになることがあります。

切り口をふさごうと癒傷組織が盛り上がってくる

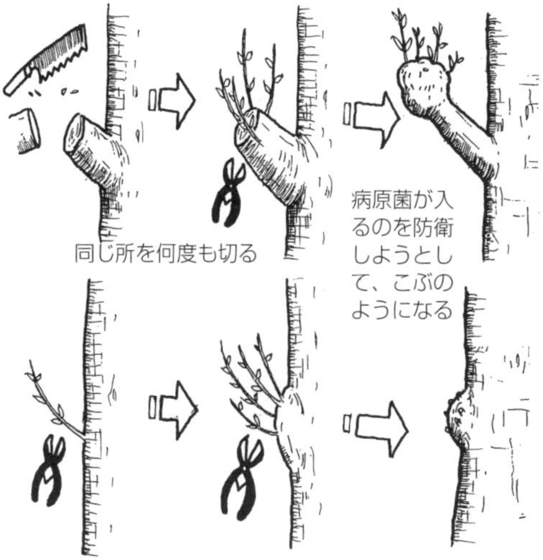
同じ所を何度も切る
病原菌が入るのを防衛しようとして、こぶのようになる

同じ部分で繰り返し剪定するとできるこぶ

枝の先を切り、そこから出る萌芽枝をまた切る、ということを繰り返していると、木はそこにエネルギーを貯えて病菌が侵入できない層を発達させます。その部分はしだいに大きなこぶになっていきます。

街路樹のプラタナス、庭木のサルスベリなどに、このようなこぶがよく見られます。枝がまだ細いときから切り続けてできたこぶでは、毎年萌芽枝を切っても、そこから材質腐朽菌が侵入して腐ることはほとんどありません。

この剪定こぶを見苦しいからといって切り取ってはいけません。見苦しくした原因は剪定にあります。防衛機能を高めたこぶが切られると、かえって胴枯れ病菌や腐朽菌が侵入しやすくな

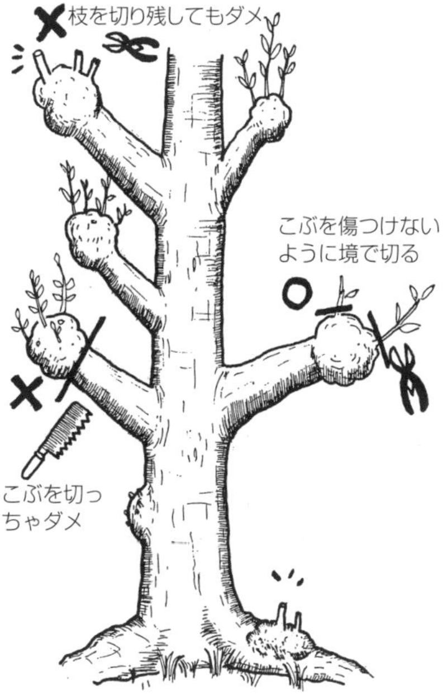
×枝を切り残してもダメ
こぶを傷つけないように境で切る
こぶを切っちゃダメ

ります。

幹から出ている胴吹き枝や根元のひこばえも、何度も切っているとそこがこぶ状になります。根頭がんしゅ病やこぶ病あるいは多芽病と間違えやすい形をしていますが、枝を切った跡があるのでわかります。

幹が語る｜4

らせんの種類とできる理由

つるがつくるらせん

幹や枝にできた、らせん状の凹凸にも意味があります。

つるに巻かれた跡

フジやブドウなど、いろいろなつる植物に幹や枝が巻かれると、木は締め付けられた部分を太くすることができません。木は、締め付けるつるを飲み込もうとしますが、つるのほうも負けじと生長するので、両方がねじりあった状態で太くなっていきます。そして気が付くと、つるが幹にめりこんで取れなくなってしまいます。まだつるが細いうちにつるを切ると、つるの跡がらせん状に残っています。

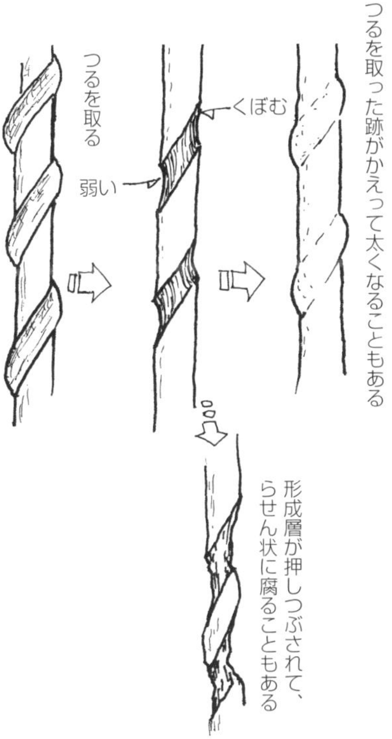

つるを取る
くぼむ
弱い
つるを取った跡がかえって太くなることもある
形成層が押しつぶされて、らせん状に腐ることもある

締め付けられた部分の形成層が押しつぶされていても死んでいなければ、つるを取った後にその部分が急激に太り、締め付けられなかった部分よりも飛び出ることがあります。

しかし、つるが勝って木の形成層が押しつぶされて死んでしまうと、そこからせん状に腐っていきます。

らせん木理《もくり》

ザクロ、ネジキなどは、幹が常にねじれています。これは遺伝的にねじれてらせん木理*になる性質をもっているからです。しかし、ほかの多くの樹種も、外観上はねじれていないように見えても、材はらせん木理になっています。シデ類、ヤマザクラ、トチノキ、マツ類などがそうです。

シデノキは2方向のらせんを組み合わせたようなメッシュで体を覆った形をしていますが、全体をまんべんなく太らせるより、幹の中の力のかかっている部分のみを主に太らせています。

木にとってらせん状の幹になる意味は、力学的に強くなることのほかに、大きな枝や太い根がなくなったときのためでもあります。枝と根はある程度対応しているので、勢いの良い枝と勢いの良い根はつながっていて、つなげている幹の部分も太く肥大しています。大枝が枯れると、それに対応した根も枯れます。

もし、らせん木理になっていなければ、大きな根が枯れた場合、同じ方向に出ている枝はすべて枯れ、片側だけに枝が残った大変不安定な樹形になってしまいます。らせん状にねじれて四方に伸びた枝がつながっていると、一方の枝だけが枯れることはありません。

根と枝をつなぐ幹の組織がらせん状になっていれば、四方八方に均等に養水分の供給ができます。幹上のらせん模様は、太い根や枝が枯れても、全体としてはまんべんなく養水分を供給できるしくみなのです。

らせんで太い根と枝がつながっていると、ひとつの太根が枯れても枝のバランスがくずれない

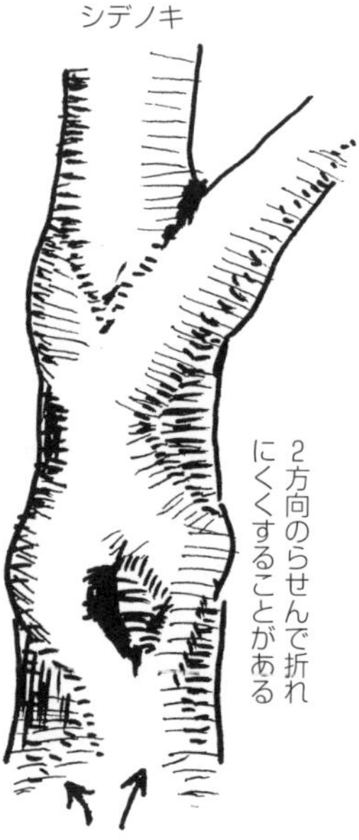
シデノキ
2方向のらせんで折れにくくすることがある

【木理】材の表面を見たときの、木材を構成する細胞の配列や方向の状態をいいいます。らせん木理とは、繊維の連なる方向が幹の軸に対してらせん状に傾いている木理をいいます。

風がつくるねじれ

木はひとつの方向から常に風を受けると、その風に対応して幹や枝をねじり、丈夫にします。雑巾をしぼればしぼるほど固くなるのと同じように、強い力に負けないために、自らねじることで折れない工夫をしているのです。

けれども、一方向に対しては強いのですが、逆方向から強い風が吹くと簡単に割れてしまうという欠点があります。しぼった雑巾を反対にねじるとバラけるのと同じです。

空洞のできる理由

材質腐朽菌が空洞をつくる

材質腐朽菌は木材を腐らせる菌ですが、木にとって材が腐るのは、ひどい病気というわけではありません。それどころか、枯れた枝を落とすためには材質腐朽菌は必要なのです。幹の心材部は、すでにすべての細胞が死んでいる部分ですから、腐ると力学的には弱くなりますが、生理的にはさほど困りません。しかし、生きた細胞の集団である形成層や篩部、辺材の柔細胞《じゅうさいぼう》（93ページ参照）、あるいは死んだ細胞でも、根からの養水分の通り道となっている道管や仮道管が攻撃されるのはとても困ります。

材質腐朽菌は枯れ枝、皮のはがれ、穿孔虫の孔、剪定跡などの傷から入ります。木は腐朽菌が入っても広がらないように、菌が消化できない物質を生きた柔細胞から出して腐朽菌の侵入した部分のまわりに集め、固い壁をつくって閉じ込め、腐朽をくい止めようとします。

空洞ができるのは、この壁に囲まれた内側の部分の材を腐朽菌が食べ尽くすからです。しかし、この壁も完璧ではなく、木に元気がないと弱い壁しかつくれず、また新たな傷ができたり壁に割れが入ると、腐朽菌が壁を突破して腐れがいっそう広がってしまうことになります。

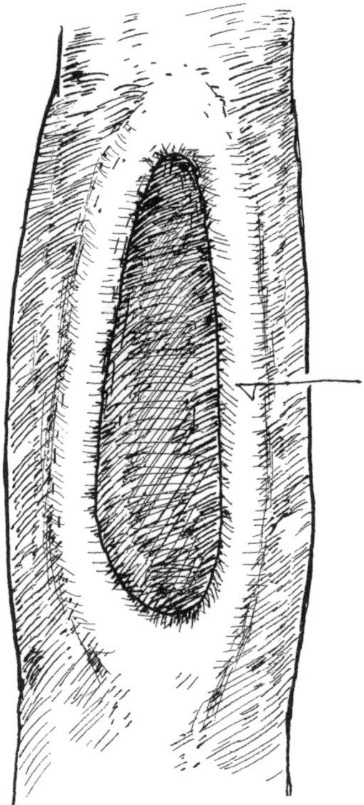
太い柱

表面に穴があくと、その両脇を急いで太らせ、補強する

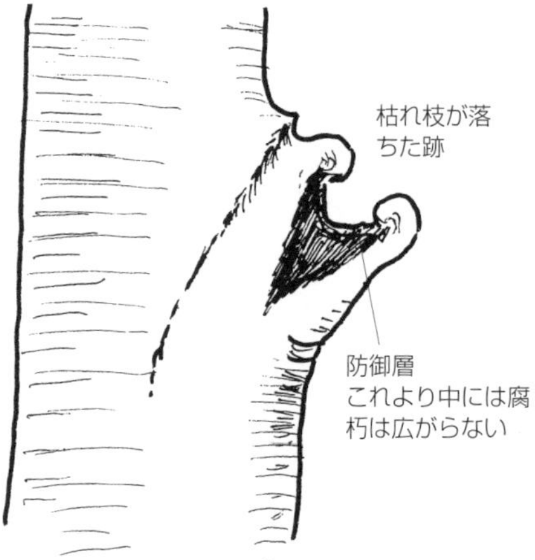
枯れ枝が落ちた跡
防御層
これより中には腐朽は広がらない

空洞の両脇に円柱を立てて幹を強化

幹が曲がったとき、中心部よりも樹皮に近い部分のほうが、圧縮・引っ張りの大きな力がかかります。中心部は力学的にはほぼ中立なのです。ですから、パイプのように中が空洞になっても、その空洞が幹の直径に対してそれほど大きな比率でなければ、力学的にはほとんど強さは変わらず、そう簡単には折れません。

しかし木の表面に穴があいてしまうと、そのままでは折れてしまうので、木は折れないように穴の両脇に円柱を立てて補強します。

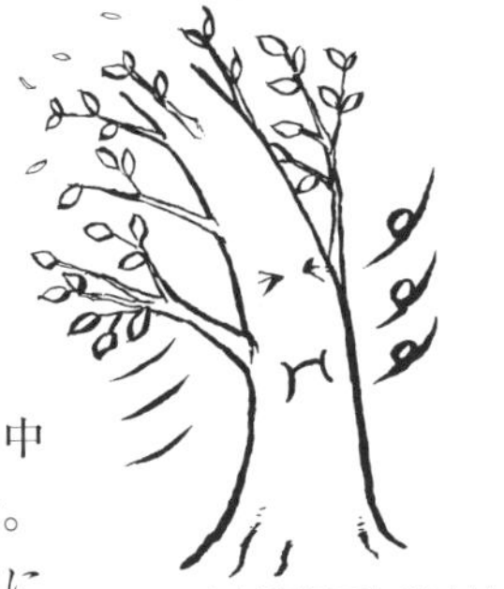
中が空洞でも強さは変わらない

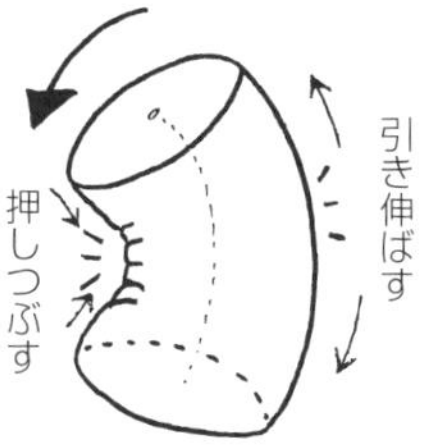
押しつぶす
引き伸ばす
中心部より表面に大きな力がかかる

表面に穴ができると

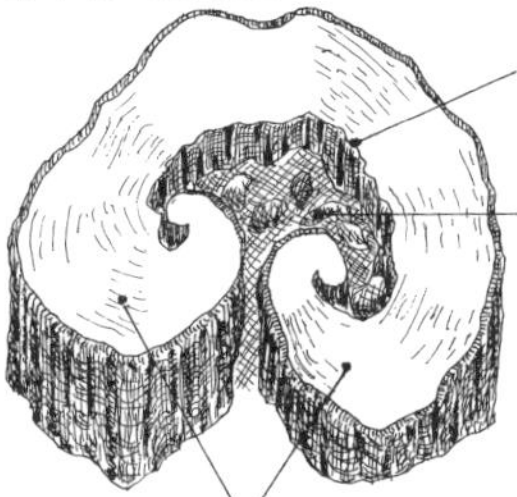
固い壁をつくって腐朽菌を閉じ込める
壁の内側は菌に食べ尽くされて空洞ができる
穴の両脇に太い円柱を立て補強

剪定による枯れ下がり

幹に空洞や溝状の腐朽ができる大きな原因のひとつに剪定があります。枝を切るときに幹すれすれに切ってしまうと、枝を支えるための幹の張り出し（ブランチカラー）も切ってしまうことになります。

そうなると木が枝の切り口の傷をふさぐ前にたくさんの病原菌が入って、樹皮や形成層が殺され、そのあとに材木を食べる材質腐朽菌が入って空洞化してしまいます（164〜165ページ参照）。

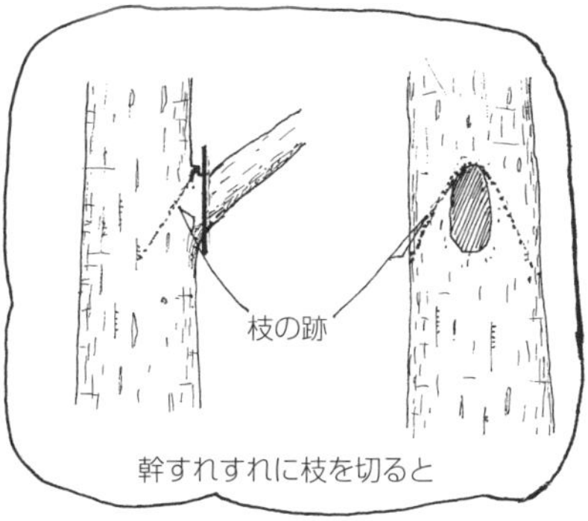
枝の跡
幹すれすれに枝を切ると

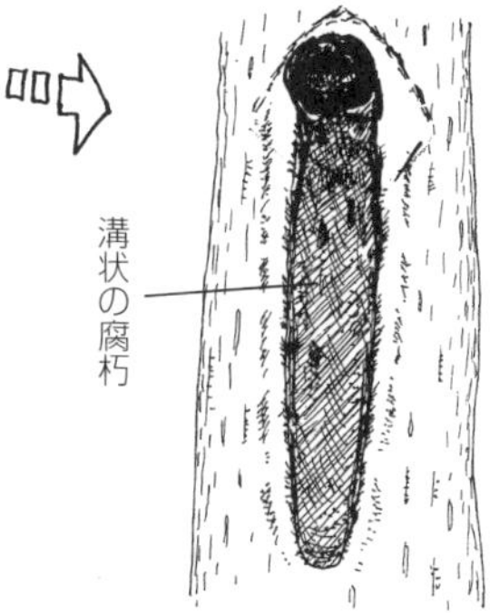
溝状の腐朽

大枝を切ると枝のすぐ下が溝状に腐るのは、今までその枝から供給されていたたくさんの糖が供給されなくなり、エネルギー不足になることも関係しています。

幹の曲がりができる理由

木の幹は、本来、まっすぐ上に伸びようとします。それが一番安定するからです。しかし、日本のマツを見ると幹が曲がっているものがほとんどです。

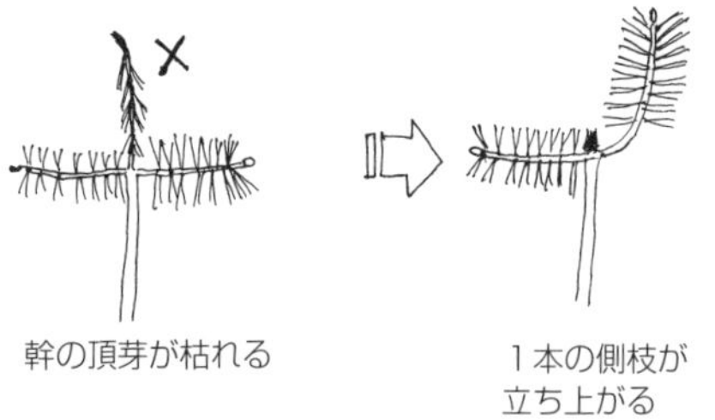
幹の頂芽が枯れる
1本の側枝が
立ち上がる

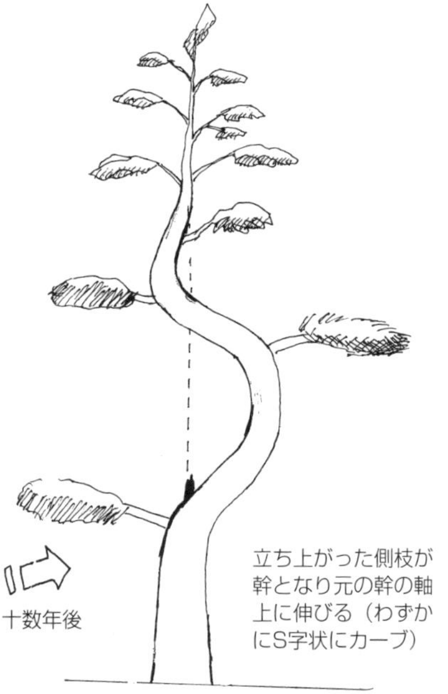
十数年後
立ち上がった側枝が
幹となり元の幹の軸
上に伸びる（わずか
にS字状にカーブ）

幹の頂芽の損傷

幹の梢端が風などで損傷を受けて枯れると、最も高い位置にある強い横枝が上に曲がりながら生長して幹の代わりをしようとします。木は元の軸の真上に、新しい幹の先端がくるように戻そうとするのです。何度も梢端が損傷を受けると、ぐにゃぐにゃに曲がった形となります。しかし、曲がっていても根元と梢の軸がそろっていたら、木はバランスがとれて安定した状態になります。

外国産のマツはまっすぐ立っているものが多いのに、日本のアカマツやクロマツはどうして曲がっているものが多いのでしょう。日本にはシンクイムシなどの害虫が多いため、マツの先端の新梢が食害を受けます。先端が枯れると、最も高い位置の側枝の中で最も強い枝が上方に曲がりながら、ほかの側枝よりも優勢に生長して、新しい幹になります。その結果、曲がった幹ができます。

多くの針葉樹は、先端の頂芽が上に伸び、側芽は横方向に伸びます（頂芽優性）が、頂芽が損傷すると、側枝の中で最も強く上位にある枝が新しい主軸となります。

日当たりや空間を求めて曲がる

日本のマツが曲がっている理由は、もうひとつあります。日当たりを好むマツは、わずかな光の不足でもすぐに幹の伸びる方向を変えて、少しでも光の多いほうへと方向転換します。森の中でほかの木の枝が近寄ってくると、

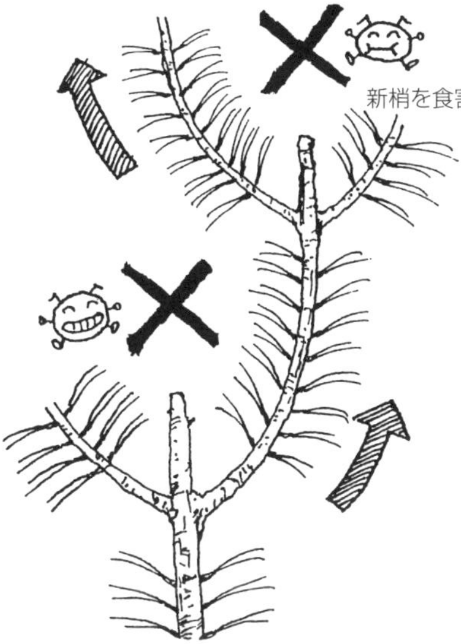

日本にはマツの害虫が多く
頂芽を食害することが多い

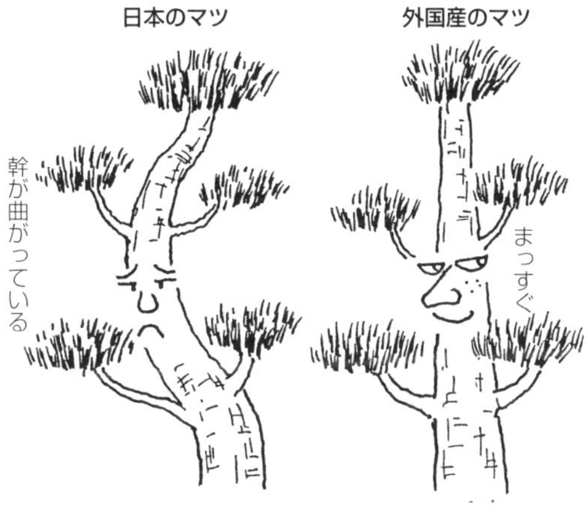

マツの先端はその枝をさけるように曲がってしまいます。

林縁（林の境）の広葉樹の幹が、開けた田畑や道路のほうに曲がっているのも同じ理由です。強い風や病害虫の影響を受けず、ほかの木が接していないマツは幹がまっすぐ上に伸びていきます。

少しでも光の多いほうへ伸びようとするマツ

傾いた幹の立ち上がり

強風や積雪などで一度傾斜した幹の先端が、立ち上がろうとして上に伸びると、曲がった幹になります。傾斜地に生えている木の幹元が、谷側に曲がっていることの多い理由は、若木のときに土砂や積雪で谷側に押し曲げられたからです。

また、傾いたままで幹が立ち上がれないと、幹の上側の側枝が主軸となって生長して太くなり、バランスをとろうとします。

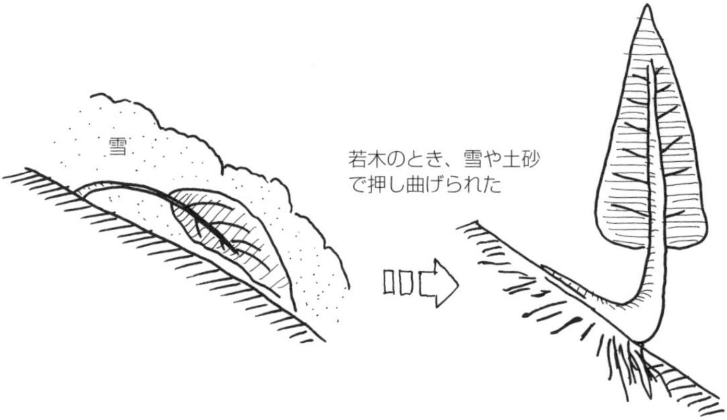

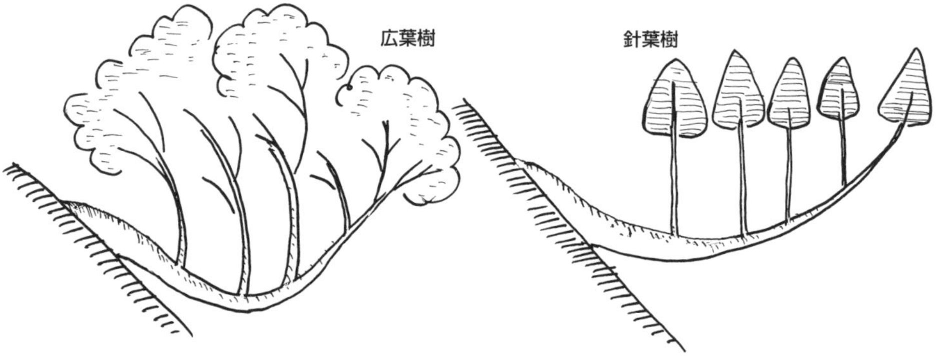

傾いた幹が立ち上がれないと、側枝が幹の
上側から並んで出てバランスを取る

枝が語る

叉の位置や色

ひとつの枝の高さはいつまでも変わらない

枝の基部の高さはいつまでも変わらない

樹木は、地球上で一番大きい生き物です。木は人間のようにやせたりはせず、年ごとに太く高くなります。枝は外側へ外側へと伸び、樹冠は年々大きくなっていきます。しかし毎年、枝先や幹の先だけが伸びて、幹や枝の節間は伸びません。ですから一度できた枝の基部の高さや位置は、基本的には変わりません。しかし、叉の位置は少しずつ上がっていきます。

一方、幹や枝や根は、毎年、年輪をつくって太くなり、大きくなる体を支えます。年輪は古いほうから順に死んで心材化していきますが、形成層は新しい年輪をつくりながら移動していきます。

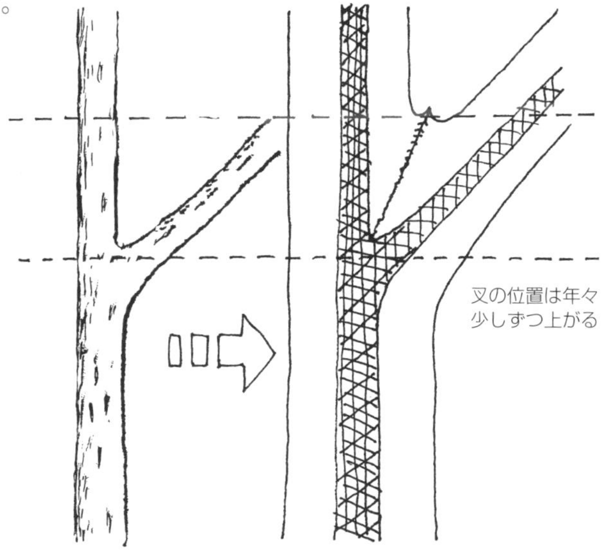
叉の位置は年々少しずつ上がる

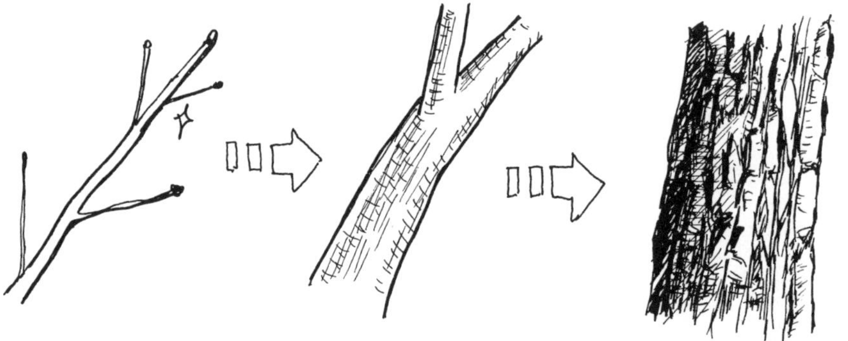

樹皮の表面はなめらかで光沢がある(表皮がまだついている)

しだいにコルク層ができて表皮層が破壊される

コルク層が厚く積み重なる

枝の色でわかる枝の古さ

樹木の1年目の枝は基本的には草と同じ構造をしており、表面にはクチクラ層というロウ物質の多い表皮細胞があります。そして、その内側に葉緑素をもった皮層という組織があり、そこで光合成をしています。ですから、1年目の枝はつやのある緑色や赤褐色をしています。多くの樹木では、枝が2年目に入ると皮層の一部の細胞がコルク形成層に変化してコルク層をつくり、それが表皮を破って表面に現われてきます。コルク層は年とともに茎の表面全体を覆うようになり、つやがなくなっていきます。

枝同士の光競合で淘汰される枝

木は枝葉を毎年伸ばし、量も多くして光合成で生産する糖の量を多くしていきます。しかし、上部の枝の数が増えると、下の枝は陰になって光合成効率が悪くなって枯れ落ちていきます。

まわりから十分光が得られる広い場所にある樹木は、枝を四方に伸ばして枝先にたくさん葉をつけていますが、幹に近い所にある中の小枝は枯れています。

上部や先端部に枝が増え、陰になった内側の枝が枯れ落ちる

枝の段数でわかるマツの樹齢

クロマツやアカマツの梢端部には、上に伸びるひとつの頂芽と、横方向に伸びる数個の側芽があり、側芽は互いに重ならないよう放射状に伸びています。

マツは春になるとすべての芽が発芽して伸びてゆき、休眠芽となる芽はありません。そのため、樹勢が衰えてもひこばえや胴吹きを出すことができません。マツの枝を、芽や葉を残さずに切ると、その枝は枯れてしまいます。

ひこばえや胴吹きが出ないので、枝が落ちた跡と枝の段の数を数えていくと樹齢がわかります。最も下にある枝の跡の高さまでに、種子が発芽してから何年かかるかを計算すれば、ほぼ正確な樹齢が出ます。

普通、幹に残される最も下の枝の痕跡の高さまで苗木が伸びるには、3～4年かかります。でも、この方法は、梢端が一度も枯れなかった場合しか適用できません。梢が枯れると最も上にある側枝のうちの強いものが起き出して新しい幹になります。

側枝にも枝の跡があるので、それを数えればわかるのですが、側枝だったときについていた小枝は細くて小さいものが多く、枯れ落ちた跡を見つけることが難しいので、背の高い木だと下からはなかなか数えることができません。

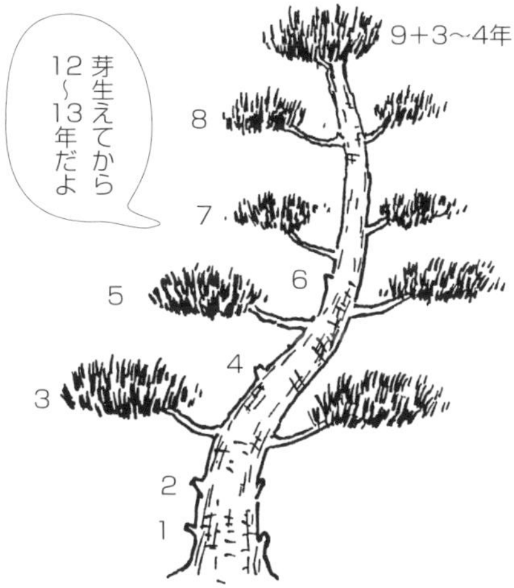

マツには休眠芽となる芽がなく、
枯れない限りすべて発芽する

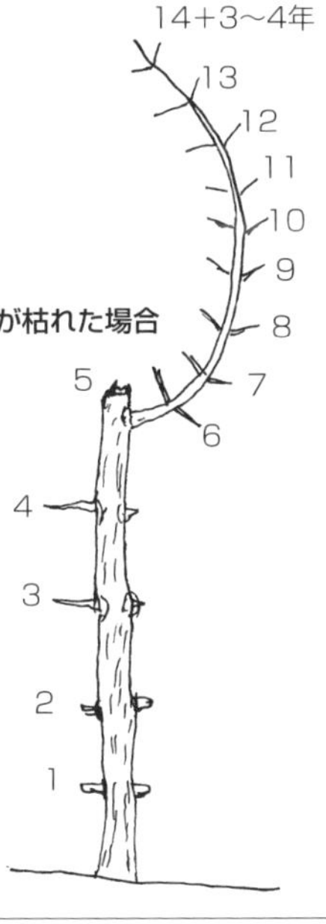

頂芽が枯れた場合

枝が語る 2

枝の角度や頂芽優性の強弱で変わる樹形

樹種や位置で違う枝の角度

主軸に対する枝の角度は樹種によってある程度決まっています。大部分の枝は規則正しく角度を守って出ているので、樹種特有の樹形ができあがります。

クロヤマナラシは幹に沿いながら上向きに、ケヤキは扇のように広がりぎみに、イイギリは１本の主軸に対して数本の横枝が幹とほぼ直角に伸び、モミは斜め上に枝が伸びます。ヨーロッパトウヒは、最初はやや斜め上に向かって枝が出ますが、枝が生長するにしたがって枝の重みでしだいに垂れ下がってきます。同じ樹種でも、孤立した木の下部の枝は重みや光の関係から、幹との角度はやや広くなり、やや垂れぎみになります。

１本の主軸を中心にして細い枝が側方へ伸びるタイプは針葉樹に多く、大きくなると複数の主軸ができるタイプは広葉樹に多いのですが、例外もあります。

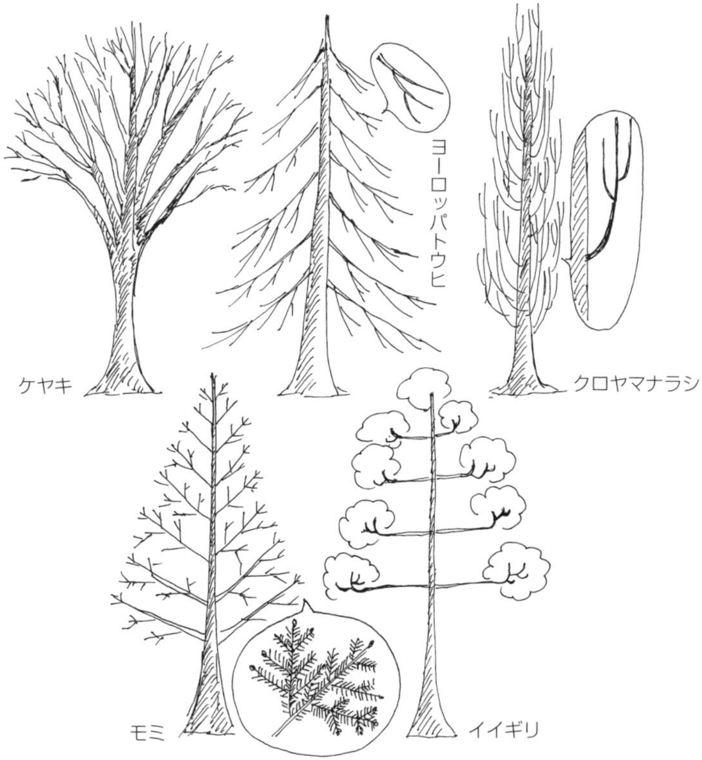

幹に対する枝の角度は樹種によってある程度決まっている

頂芽優性が強い円錐形の針葉樹

トウヒやサワラなど、多くの針葉樹の樹形は円錐形です。これは先端の芽（頂芽）がその下の側芽の上方への起き出しを抑制していて、頂芽だけがまっすぐ上に伸びる「頂芽優性」という性質が強いからです。

頂芽が枯れた場合、側枝のうち最も高い位置にあって勢いの強いものが新しい頂芽になろうとして起き出し、主軸となります。側枝の優劣がつけがたいときは、２本あるいは３本が同時に主軸となるために起き出してきます。

広葉樹の多くは、成木になると頂芽優性が弱くなり、複数の主軸ができやすく、その結果、樹冠は円形から横に広がった回転楕円体の形になります。でもイイギリのように広葉樹でありながら頂芽優性がはっきりしている木もあります。

ケヤキの場合、最初、主軸は１本で生長しますが、大きくなるとたくさんの頂芽が形成され、ほうき状の樹形となります。

頂芽優性は枝にもあります。各枝の先端の芽は、枝の軸に沿ってそのまま伸びようとし、周囲の芽が新しい軸となるのを抑制します。

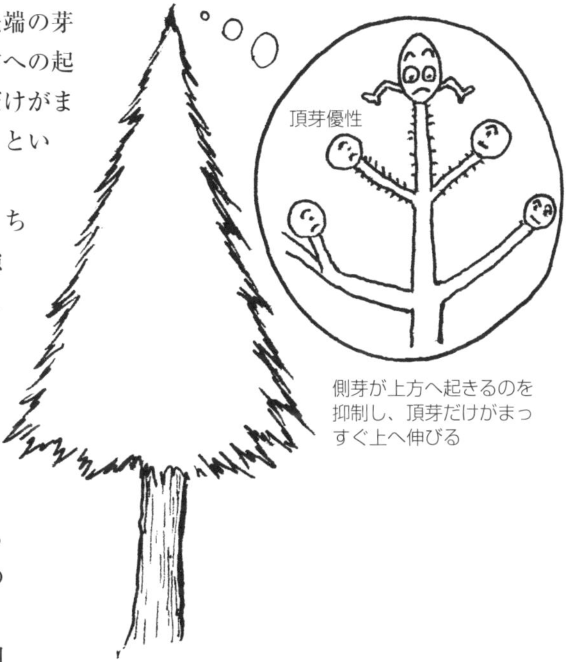

側芽が上方へ起きるのを抑制し、頂芽だけがまっすぐ上へ伸びる

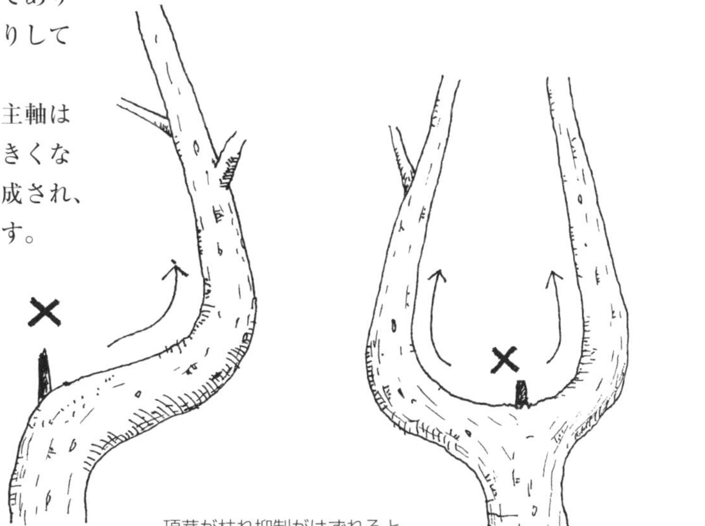

頂芽が枯れ抑制がはずれると、側枝が頂芽になろうと起き出す

光環境で変わる 枝の伸び方・樹形

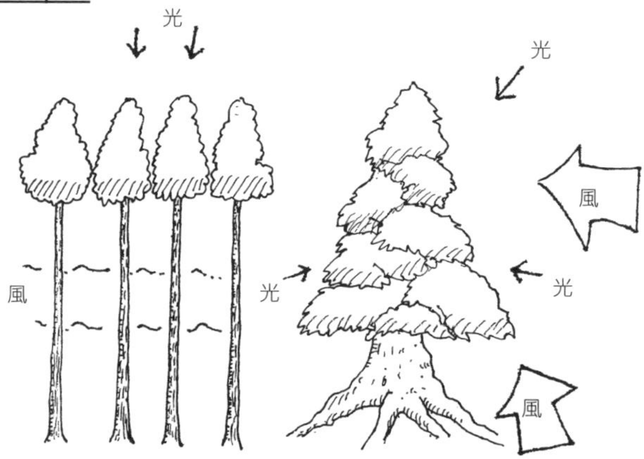

植林地のスギ　尾根のスギ

光環境で変わる樹形

密に植えられた植林地のスギと尾根に生えた１本スギとでは、かなり樹形が異なります。尾根に生えたスギは光を四方八方から、さらに斜め下からも受けることができるので、下枝が十分に大きく伸びています。そのため幹は太くなり、風が強く乾燥しやすいために根は深く広く張っています。

植林地のスギは、ほかの木との競争で光を上のほうからしか得られないので、枝は幹の上方にしかなく、幹もまっすぐで細くなっています。風当たりも弱く木同士が遮ぎあっているので風当たりも弱く、根張りも小さくなっています。

片側だけに枝が伸びる林縁木

樹林の一番外側の木を林縁木といいます。林縁木は、スギなどではまっすぐ立っていても枝は片側だけにしかついていません。それでも林内の上部にしか枝がない木よりはたくさんの葉をつけているので、林内の木より幹は太くなっています。

広葉樹林では、林縁木は林内の木の樹冠をさけるように光を求めて幹や枝伸ばすので、幹は外のほうに傾斜しているのが普通です。

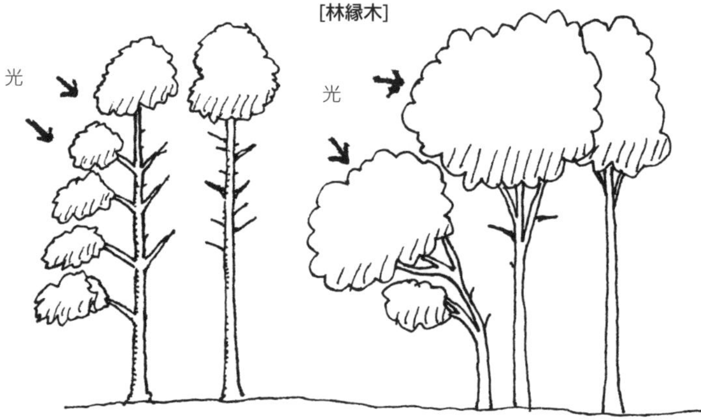

針葉樹林　広葉樹林

幹と枝の叉が語る

折れやすい危険な枝はどれ？

どこまでが幹、どこまでが枝？

幹は枝を支えるために、枝のつけ根のまわりを取り囲み、枝を支えるように組織を張り出しています。その部分が「ブランチカラー」といわれるところです。カラーとは「えり」あるいは「つば」という意味です。ブランチカラーの部分の生長は幹のエネルギーに依存していますが、枝の直下の部分はかなり枝からもらうエネルギーに依存しているので、枝が枯れると、その部分も枯れることがあります。

枝を切る場合、このブランチカラーと枝の境で切ると、切り口の癒合も早くなります（165ページ参照）。

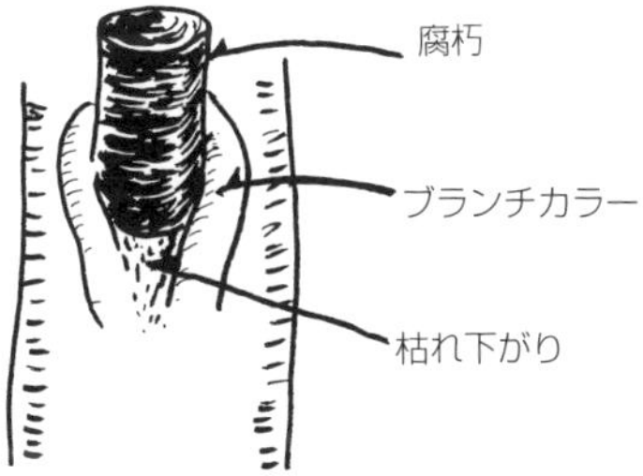
腐朽
ブランチカラー
枯れ下がり

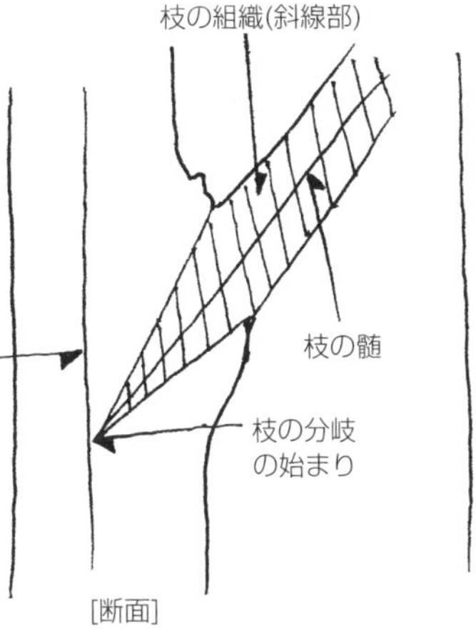
枝の組織(斜線部)
幹の髄
枝の髄
枝の分岐
の始まり
[断面]

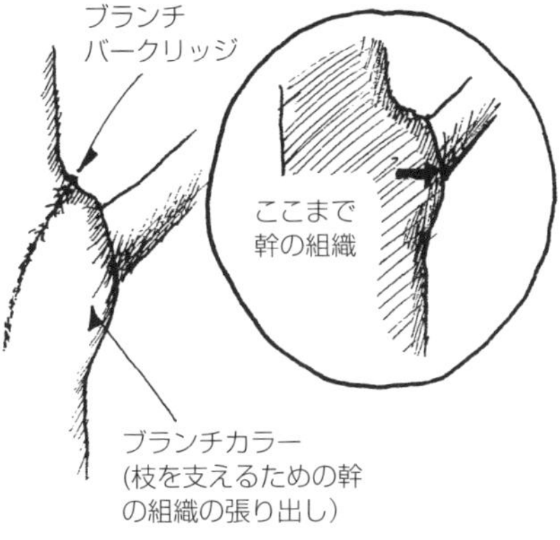
ブランチ
バークリッジ
ここまで
幹の組織
ブランチカラー
(枝を支えるための幹
の組織の張り出し)

折れやすい
危険な枝の見分け方

幹と枝、あるいは枝と枝の材同士がしっかりとくっついている木は、つけ根の皮が外にはじき出されています。この叉部分を「ブランチバークリッジ」といいます。はっきりと盛り上がったバークリッジのある叉は、幹と枝の材がくっついて発達し、互いに引っ張り合っているので、裂けにくい構造になっています。

叉の両側に伸びたブランチバークリッジの下の端を結んだ線上に、その枝が最初に伸びたときの芽の位置があります。真横から見てバークリッジが幹のほぼ中央から始まっている枝は、幹が細いときに分岐した枝です。

幹と枝あるいは枝と枝の間に樹皮がくさびのような形をしてはさまっているときは、バークリッジが発達していません。幹と枝、あるいは枝と枝の材が互いに引っ張り合うことができず、そのため湿った大雪が降ったり強風が吹いたりすると、その側面に力が集中してその部分から裂けてしまうことがあります。枝が引き裂かれるときは、幹の芯近くまで削られてしまいます。

〈くっついている枝〉

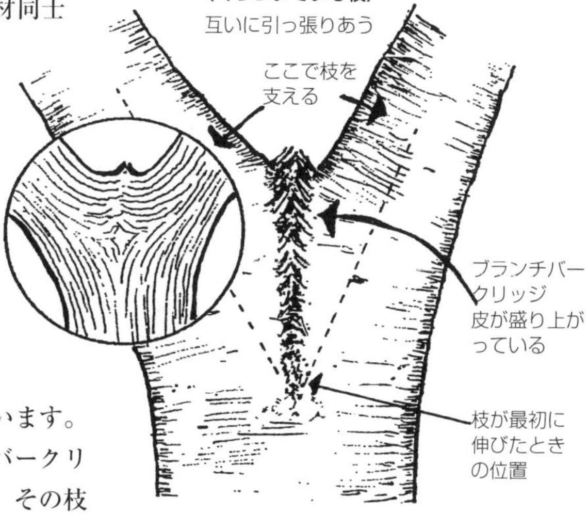
互いに引っ張りあう
ここで枝を
支える
ブランチバー
クリッジ
皮が盛り上が
っている
枝が最初に
伸びたとき
の位置

〈くっついていない枝〉

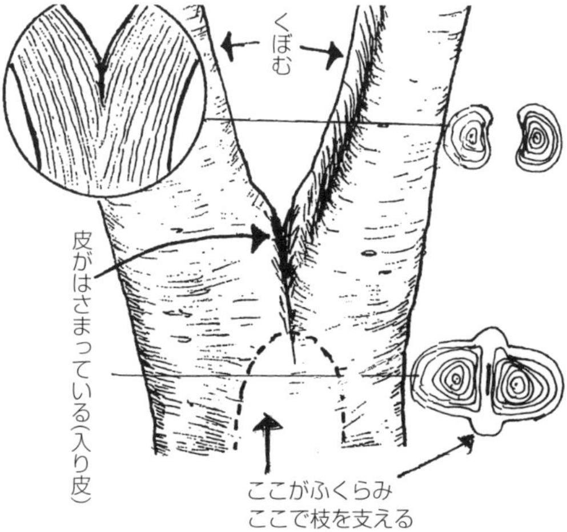
くぼむ
皮がはさまっている(入り皮)
ここがふくらみ
ここで枝を支える

叉の上部の内側に なぜくぼみができるのか

叉の内側の幹と枝の双方にくぼみができるのはなぜでしょう。

枝の叉の部分に樹皮がはさまっていると、その部分の幹と枝の形成層の生長が妨げられ、それを補うように、幹と枝の側面が生長して盛り上がるのでくぼむのです。また、はさまっている樹皮は亀裂と同じなので、木が内部亀裂の弱点を補うためにその先端を盛り上げることも一因です。

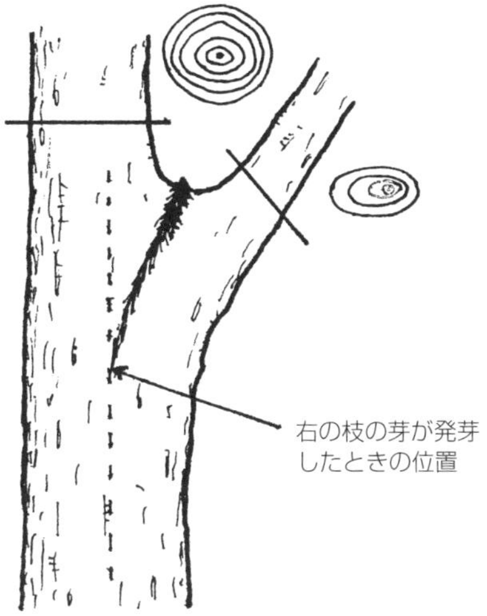
右の枝の芽が発芽
したときの位置

〈くぼみがない叉〉

〈くぼみのある叉〉

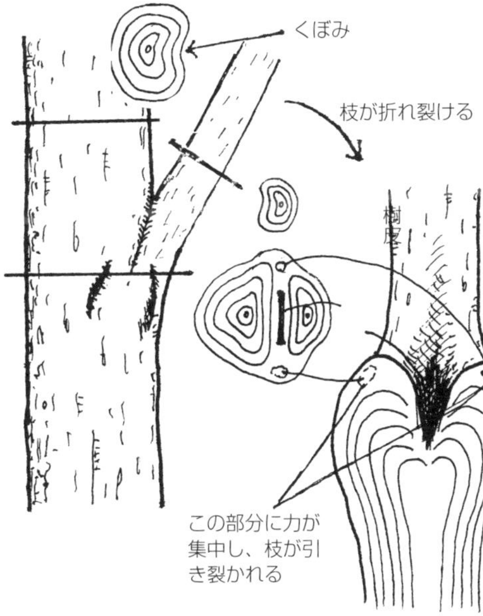
くぼみ
枝が折れ裂ける
樹皮
この部分に力が
集中し、枝が引
き裂かれる

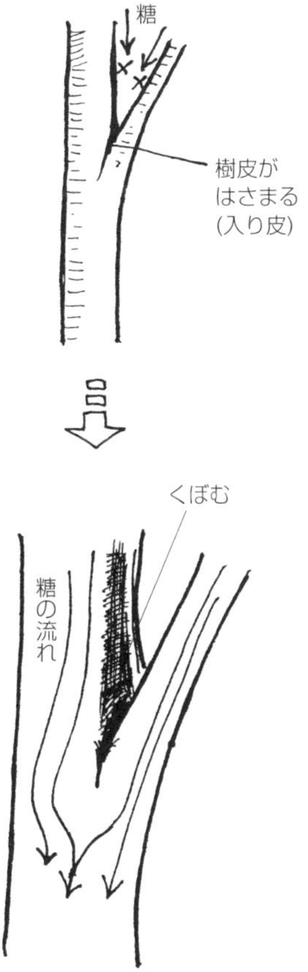
糖
樹皮が
はさまる
(入り皮)
くぼむ
糖の流れ

枝でバランスをとる木

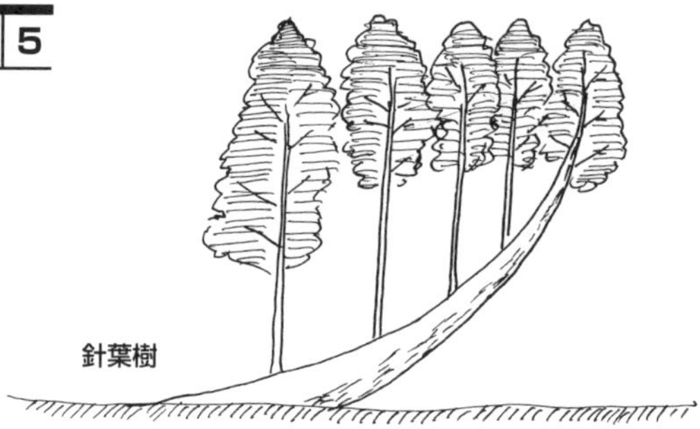
針葉樹

幹が傾くと枝が逆方向に

光を四方から十分受けながら突然の強風や根系の切断などで傾いてしまい、その傾きが著しくて、もう自分では起こすことができないとさとったとき、木は傾きの反対側に枝を伸ばし、バランスをとろうとします。

針葉樹はハープのように真上に、広葉樹は斜め上方に枝を伸ばします。

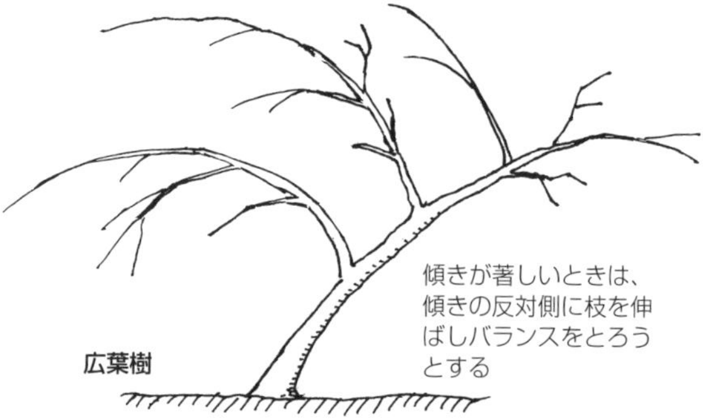
傾きが著しいときは、傾きの反対側に枝を伸ばしバランスをとろうとする
広葉樹

風の力を分散し受け流す枝や葉

木は強い風を受けても倒れたり折れたりしないように、樹冠にかかる力を分散する工夫をしています。木は、強い風を受けると大きく揺れます。上の枝が風下側に揺れるとき、風上側の下枝は下のほうへ押し下げられます。

上の枝が反動でかえってくるときは、下枝は上方へ向かいます。樹冠全体で、振動が一方向にならずに互いに打ち消しあうよう工夫しているのです。下枝は根元の浮き上がりを押さえる働きをしています。

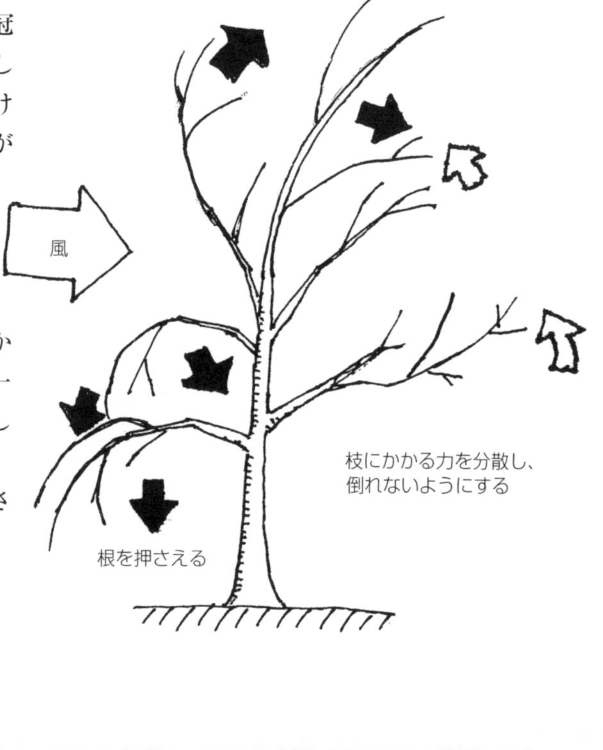
風
枝にかかる力を分散し、倒れないようにする
根を押さえる

樹種によって異なる受け流し方

　力を受け流す方法は、樹種によって異なります。

　ヤマナラシなどポプラの仲間は葉柄が葉面に対して直交するようにつき、扁平でやわらかく、どんな方向から風を受けてもすぐに風下になびいて、うちわのようにはためきながら風の力を逃すようにしています。木全体が葉音で鳴り響くので、ヤマナラシといいます。

　シダレヤナギは、枝を細く長く垂らして、常に風下に枝がなびくようにして風の力を逃しています。

　クスノキは、強風のとき小枝はとても折れやすいのですが、幹が折れたり倒れたりすることはめったにありません。「肉は切らせても骨は切らせない」方式で、強い風圧を受けると枝を簡単に落として風を逃がすのです。枝は折れても病害虫の侵入を阻止する樟脳をたっぷり用意しているので、そこから腐ったり胴枯れ病が入ることはあまりありません。

　ケヤキは生枝が折れることはめったになく、材が非常にねばり強く、ほうきを立てたような樹冠の全体が風にしなって受け流しています。ケヤキは樹冠が大きいので、風上側の枝と中央の枝と風下側の枝とでは、それぞれ揺れ方が少しずれて風の力を打ち消しあっています。

ヤマナラシの扁平な葉柄

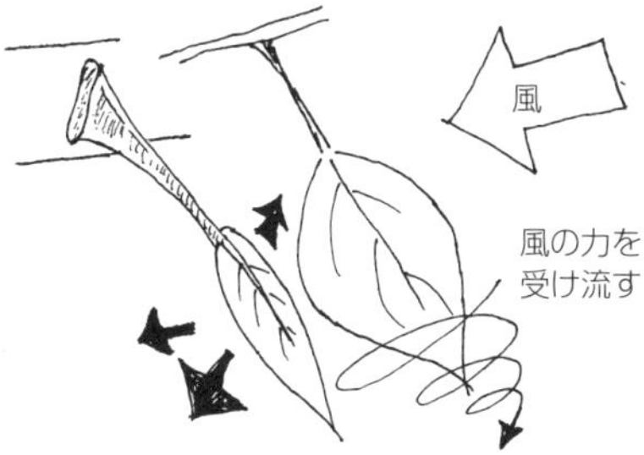

トネリコでつえをつくるには

　トネリコの苗木を植え付けるときに、幹を地面に寝かせるようにすると、胴吹き枝が直立してたくさん出てきます。ある程度太くなってから適当に切ると杖のできあがり。

根が語る

細根型の木と太根型の木

実生の根は太根・直根型、移植の根は細根・側根型

種子から芽生えた木の根は、普通、根元近くでは細かく分岐しないで、太い根が広く、あるいは深く張っています。

移植された木は、一度根が切られているため根元近くで細かく分かれています。植木は何回も移植や根回しをして、根元近くの細根が多くなるように育てています。根元近くに細根が多いと、移植しても活着しやすいのです。

ところが、一度も移植されたことのない木は、根元近くではゴボウのような太い根だけなので、移植に適しません。移植をしても根元近くには太い根しかないので、水を吸えずに枯れてしまうのです。このような木を移植する場合は、その前年に「根回し」をして、株元近くに細根を多くしておくことが大切です(149〜151ページ参照)。

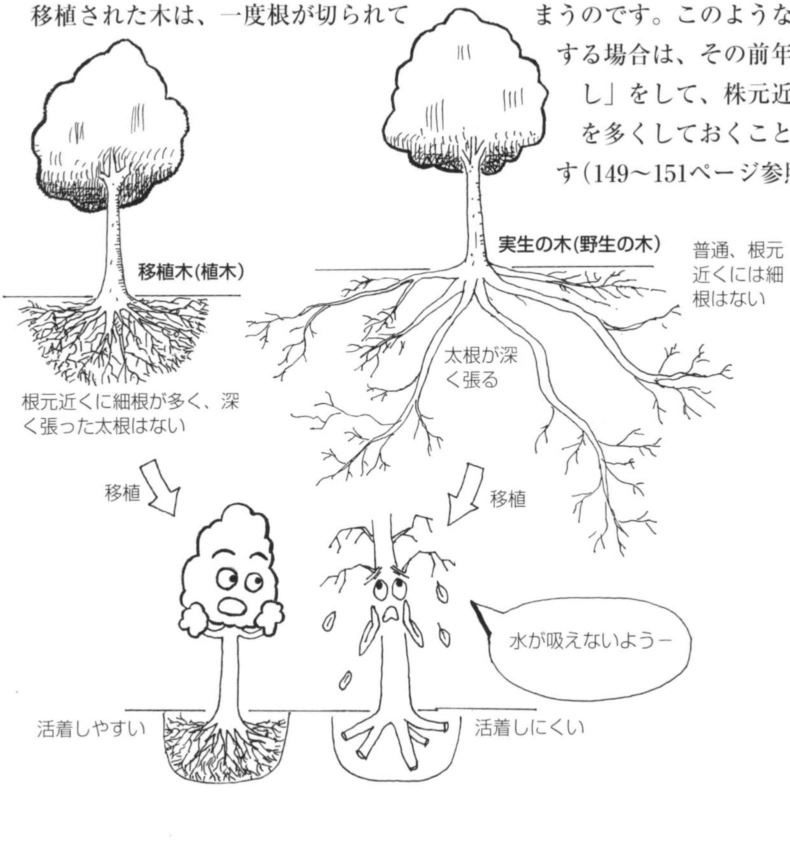

移植木(植木)
根元近くに細根が多く、深く張った太根はない
実生の木(野生の木)
普通、根元近くには細根はない
太根が深く張る
移植
移植
水が吸えないよう−
活着しやすい
活着しにくい

根元の形からわかる根の方向

根元の張り出しで根の方向がわかる

根元には幹が盛り上がっている部分があります。これを根張りといいます。根張りには太い根がつながっています。

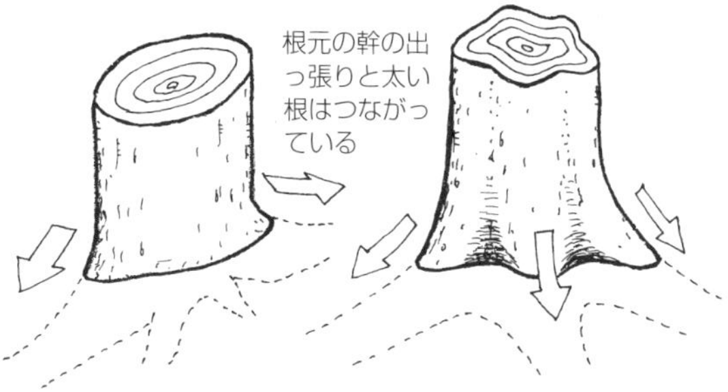
根元の幹の出っ張りと太い根はつながっている

根元に覆土がしてあって根の張り出しが見えなくても、幹が出っ張っているところに太い根が続いており、くぼんでいるところには太い根はありません。幹が楕円形の場合、長軸方向に太い根が伸びています。

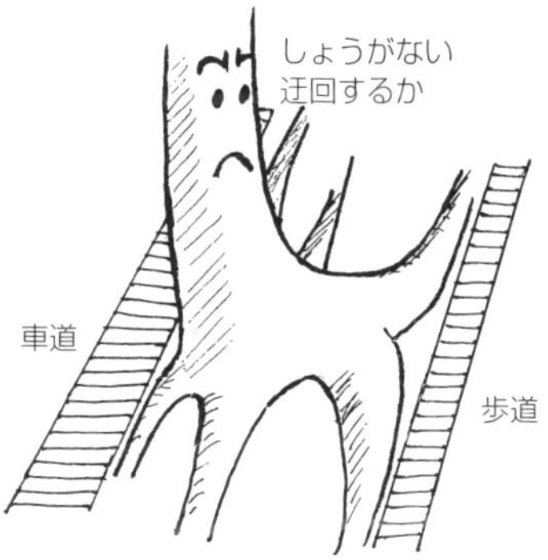
しょうがない
迂回するか
車道
歩道

幹の傾きと根の方向

幹が傾くと、木はバランスをとるために根を伸ばします。広葉樹は傾きの反対側に太い根を伸ばし、傾いた幹を引っ張るように支えます。

針葉樹は、傾き側に太い根を深く伸ばし、幹を押し上げるように支えます(49ページ参照)。

しかし、狭い植え桝に植えられた街路樹のように、伸ばしたい方向に障害物があると、根は横方向に伸びてしまいます。

支える根が傷つけられると困るよ

広葉樹は傾きの反対側に根を伸ばし、体を支えようとする

岩を割り、壁を壊す根

土が締め固められているので根は舗装と土のすき間に伸びて太くなり、アスファルトが盛り上がり割れる

舗装の割れ目からわかる根の方向

街路樹や公園木のすぐそばの道が舗装されていると、しばしば舗装がひび割れて盛り上がっています。それは、舗装と土の間に根が伸び、それが生長して太るために舗装が持ち上げられて割れてしまうのです。道路の舗装は、舗装する前に土を填圧して固めているため、根は下方に向かって伸びることができず、わずかなすき間のある舗装の基礎と土壌の表面の間を伸び、それから太くなって舗装を持ち上げてしまうのです。

長年かかって岩を割る根

岩を割って伸びている根を見たことがあるでしょうか？固い岩を木の根が裂いたような感じですが、一度に割ったわけではありません。

岩の表面は、長い間に風化によってわずかなひび割れやくぼみができ、地衣類が着生したり、ほこりなどがたまったりします。そこに木の種子が鳥や風によって運ばれ、発芽し、わずかにできたすき間に根を伸ばします。木は根から根酸を出し、少しずつ岩を溶かし、溶かした岩からミネラルを吸収します。ひび割れは風化によってますます拡大します。すると根はさらに深く伸び、さらに太くなり、しだいにその根の肥大する圧力によって岩にさらに大きなひびが入り、やがて大きな岩も割ってしまうのです。

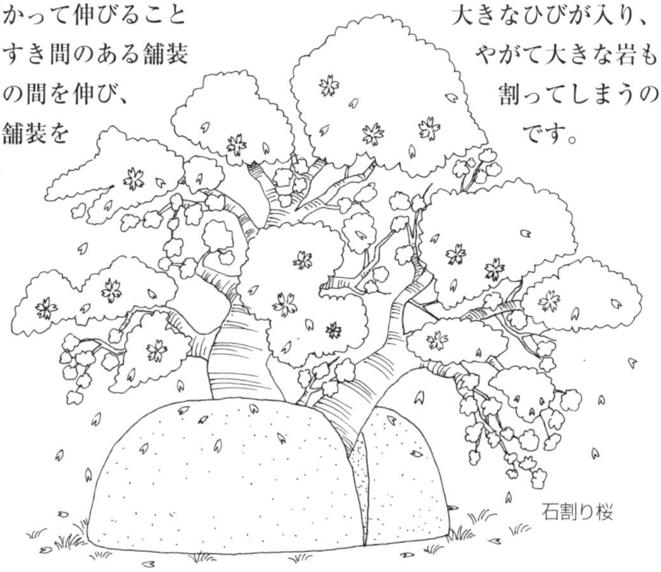
石割り桜

壁を押す木

木の根や幹は、ネットフェンスやガードレールのような異物に触れると、それを飲み込もうとしますが、相手がとても飲み込めないほど大きいと、それを押してどけようとします。

このブロック塀は、塀の基礎の下に張った根が少しずつ肥大して塀を持ち上げたため、押されて壊れかかっています。塀脇や建物のそばに大きくなる木を植えるのはよしましょう。

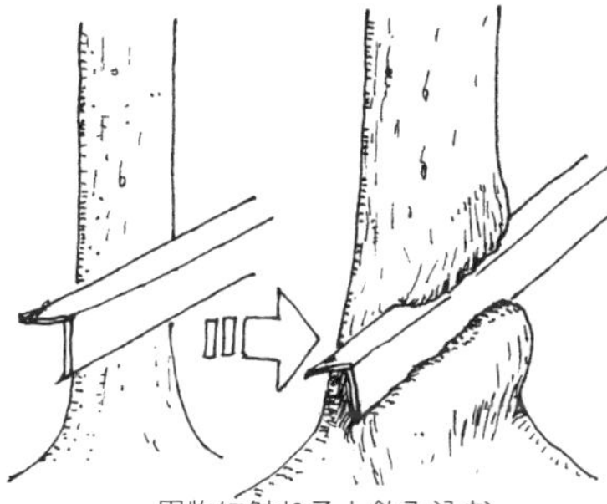

異物に触れると飲み込む

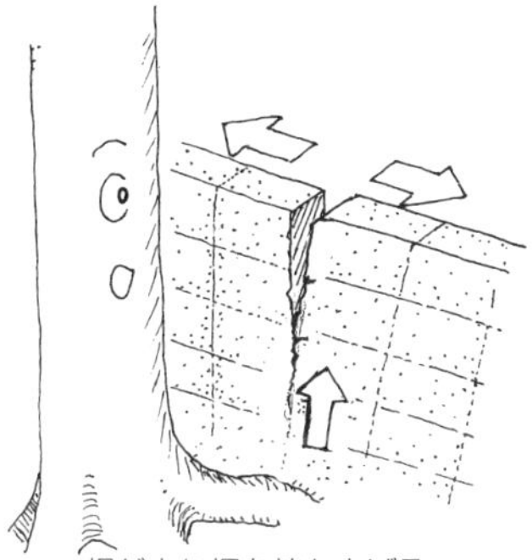

根が太り塀を持ち上げる

ブロックをはずすこともある

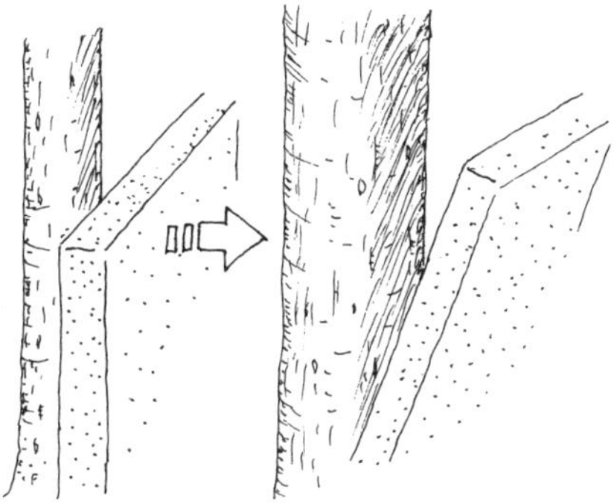

異物が大きいと押しのけようとする

ツタと相性のよい壁は…

ナツヅタは吸盤のような根を出し、そこから糊状物質を出して壁に張り付き、さらに根から根酸を出して壁を溶かしミネラルを吸収します。そのため薄いモルタルの壁だと大変傷みます。西洋では厚いレンガで建物がつくられているので、少々ツタが張っても問題とはならないのです。孔隙を埋めるために表面に撥水剤処理を施しているコンクリートの壁は、さすがのツタも根を壁に食い込ませることができず、はがれ落ちてしまいます。

厚いレンガなら安心

土壌の環境と根の張り方

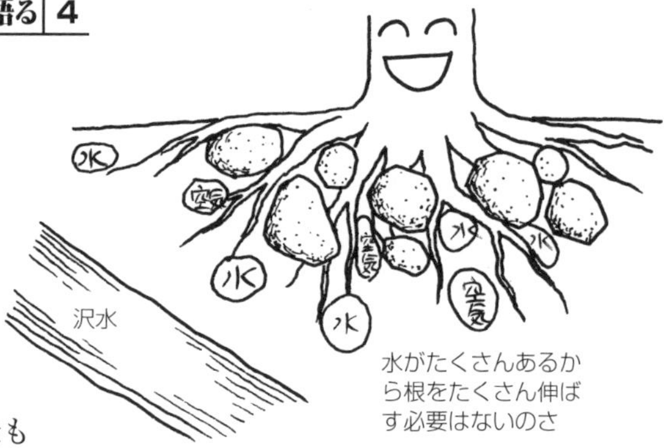

水がたくさんあるから根をたくさん伸ばす必要はないのさ

乾燥するから根は伸びる

木は土壌に水が十分にあるときよりも、いくらか乾燥しているときのほうが水を求めて根をよく伸ばします。ですから、根は乾燥する夏に最もよく伸びます。

乾燥する尾根などでは、木は根を遠くまで伸ばす必要があります。一方、谷や湿地のような場所では、水はふんだんにあるので、根を深く広く張る必要がありません。そのような場所に生えている木の根は、空気が豊富に含まれている土壌のごく浅い層にしか張っていません。勢いよく流れる水は空気も多く含んでいるので、川原に生えている木の根は、水の中にも根を張って生活することができます。

庭木などでも植えてから水をひんぱんにかけていると、根は苦労しなくても水が得られ、しかも土の深い所は灌水のために空気が少なくなっているので、根は浅く狭い範囲にしか分布しません。根が深く伸びていないと、夏の干ばつのときに枯れやすくなります。

土壌が固いと根が浮き出てくる

根が土壌の表面に浮き出ているのは、土が固いためです。土が踏みつけられて固くなると、根は深くもぐることができず、浮いてきます。固い土では新鮮な空気や水が深い所まで入ってこないので、全体的に根は空気の十分ある浅い層だけで生活しようとするからです。

公園などの落ち葉が常に取り除かれているようなところでは、根はさらに露出しやすく、踏圧で傷つきやすくなります。

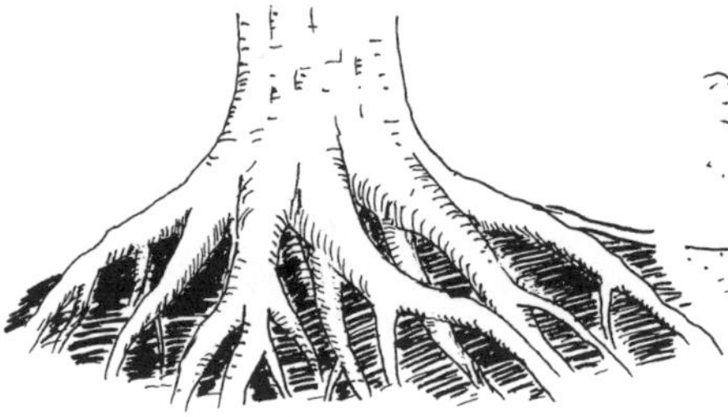

土が固いと根は下へもぐることができない

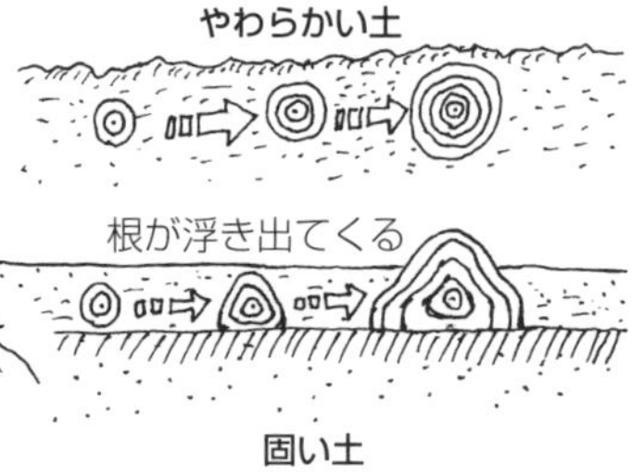

根が語る｜5

根の形態、色

空気
水はけの悪い場所の根は暗褐色から灰黒色

根の色でわかる根の健康状態

木の根には葉のような気孔はありません。水や養分を吸収する細根は、絶えず表面を水で濡らしていて、水に溶け込んだ空気を水と一緒に吸収して酸素を取り入れているのです。ですから、土壌に小さなすき間がたくさんないと、水に空気が溶け込みにくく、水はけが悪く滞水しやすいので酸素不足になってしまいます。また、土が乾き過ぎても酸素を取り込むことができなくなります。

根は水はけが良く、酸素を十分に含んだ水が土壌深くまで浸透することによって、呼吸できるのです。

土を掘ってみて、太い根の皮が赤褐色や明るい色をしているようなら、空気が十分ある証拠で、健康な根です。水はけの悪い場所の木の根の皮は、暗褐色から灰黒色をしています。根腐れで死んだ根は皮がふくらんでいて、もむとすぐにはがれてしまいます

浮き根

毎日こまめに水をやるのは、木にとってあまりよいことではありません。こまめな水やりで絶えず表面が湿っていると、土の中の空気が少なくなり、根は空気を求めて地表近くに上がってきます。深い層にある根は酸素不足で灰黒色になり、根腐れで死んでしまいます。

空気
こまめな水やりで過湿になると根は酸素不足になる

酸素が足りないよっ！
下の根が腐る

狭い植え桝だと巻き根に

自分の根で自分の根元を巻いてしまった「巻き根」をよく見かけます。巻き根は巻いた幹や太根の生長とともに食い込み、そこから病原菌が入る場合があります。このような巻き根を「巻き殺しの根」ともいいます。

たまたま根の出る方向がよくなかった場合もありますが、街路樹のように狭い植え桝に植えられて、根を自由に伸ばせない木に多く見られます。巻き根は、まだ細い（１～２㎝）うちは切断したほうが良いのですが、太くなってしまったものを切ると、かえって木を傷めることがあります。

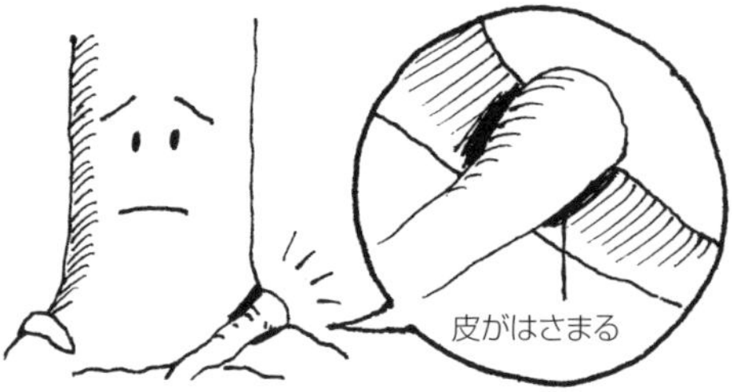

巻き殺しの根

空気を直接吸う気根

マングローブ林にあるサキシマスオウノキの根は、薄い板が波打ったようになっています。これは自分の体を支えると同時に、湿地帯の停滞した水の中にはほとんど空気が含まれていないので、空中から空気を取り入れる気根の役割も果たしているのです。

ラクウショウは湿潤な土壌環境で、膝根と呼ばれる気根が発達します。根を地上に出して呼吸をするためです。水はけの良い土壌に植えられたラクウショウは、あまり気根を出しません。

マングローブには、タコの足のようにたくさん根を出している木があります。このような根には、潮が満ちているときでも幹の部分が水没しないようにし、潮が引いたときには空気を吸って根に送る役割があります。

サキシマスオウノキ

ラクウショウ

マングローブの仲間

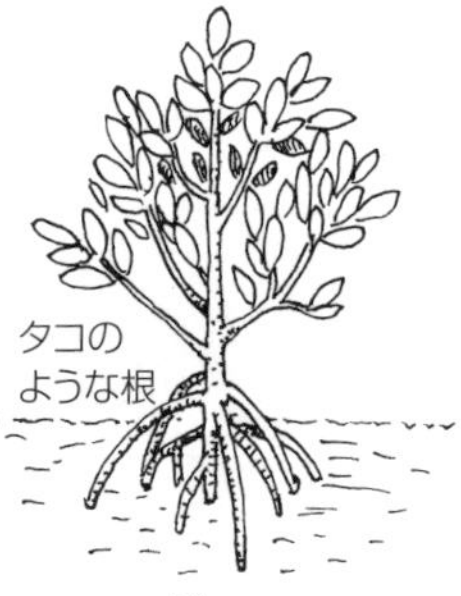

マングローブ

膝根

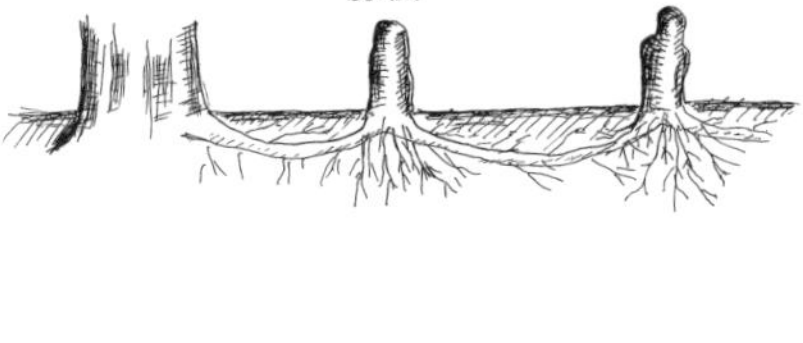

年輪が語る

年輪でわかる木の傾き わからない方角

針葉樹は傾き側が、広葉樹は傾きの反対側の年輪幅が広くなる

木はとても体重が重い生き物です。現在、世界で最も重い木はアメリカのカリフォルニア州にあるセコイアオスギでシャーマン将軍の木と名付けられています。この木の重さは地上部だけで約1385トンと推定されています。樹木はこのようにとても巨大なので、ほんの少しの傾きでも大きな負担となります。樹形を見ると、樹木がいかに幹を直立させようとしているか、その苦労がわかります。

木が傾くと、広葉樹の場合、傾きの反対側に太い根が広がり、傾いた幹を引っ張るようにして支えます。そのため、傾いた側の反対の材は太く長いセルロースをもった細胞で構成されています。

針葉樹は傾いた側の年輪幅が広くなって、傾いた幹を押し上げようとするため、傾いた側の材の細胞にはリグニンが多くなっています。

ですから年輪を見ると、いつごろ、どの方向に傾いたかがわかります。それまで四方が均等な幅だった年輪が、

〈傾きに対する針葉樹と広葉樹の対処の違い〉

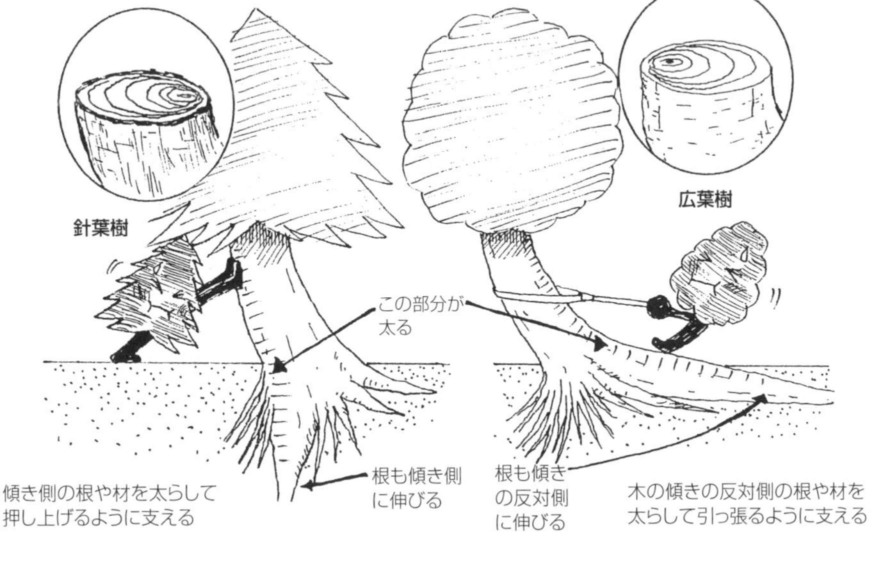
針葉樹
広葉樹
この部分が太る
傾き側の根や材を太らして押し上げるように支える
根も傾き側に伸びる
根も傾きの反対側に伸びる
木の傾きの反対側の根や材を太らして引っ張るように支える

ある年から一方の幅が広くなっていれば、木はその年かその前年に傾いたのです。このように年輪幅が異なった材を「あて材」といいます。

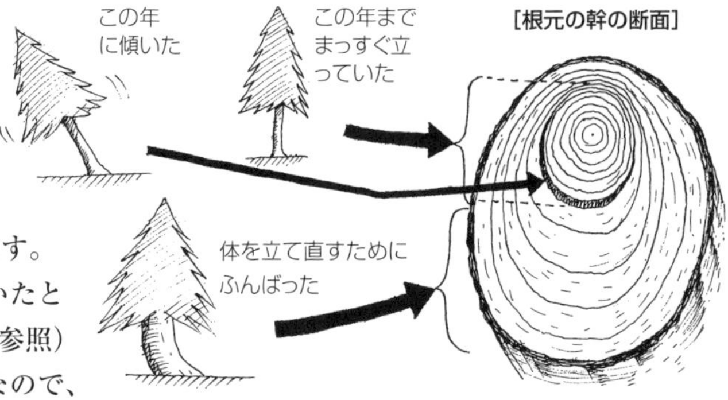

あて材は木が立っていたときに生長応力(76ページ参照)が強く働いていた部分なので、木が切られると、その内部応力によって曲げや割れが生じてしまい、板材や角材には向いていません（77〜78ページ参照)。

年輪で方角はわからない

「山で道に迷ったら、切り株の年輪を見ろ。日の当たる側のほうが生長が良いから、年輪幅が広いほうが南の方角だ」とよくいわれますが、これは間違いです。平坦な所で直立し、四方に均等に枝が伸びた木の年輪の幅は、東西南北とも大きな違いはありません。

南側の年輪幅が広くなるのは、南向き斜面の針葉樹、あるいは北向き斜面の広葉樹の場合です。

斜面にある木の根元は、根元に近い所が少し曲がっています。幼木のときに谷側へ傾いた幹を立て直そうとしたからです。ですから、北側斜面で傾いた針葉樹の年輪は北側が幅広く、南側が狭くなります。

ハイキングでは日当たりの良い南向きの開けた斜面で休みをとることが多く、南向き斜面のスギやヒノキの植林地の伐採跡地を見ることが多いのでこのような誤解を生んだのかも知れません。

「年輪で方角がわかる」というのは間違いです。

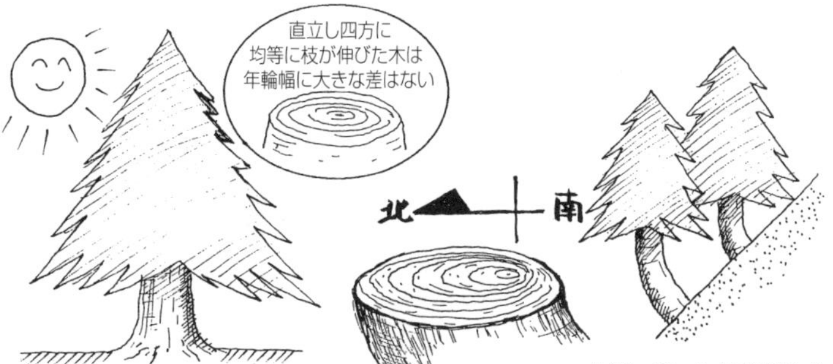

北側に傾いた針葉樹は北側の年輪幅が広くなる

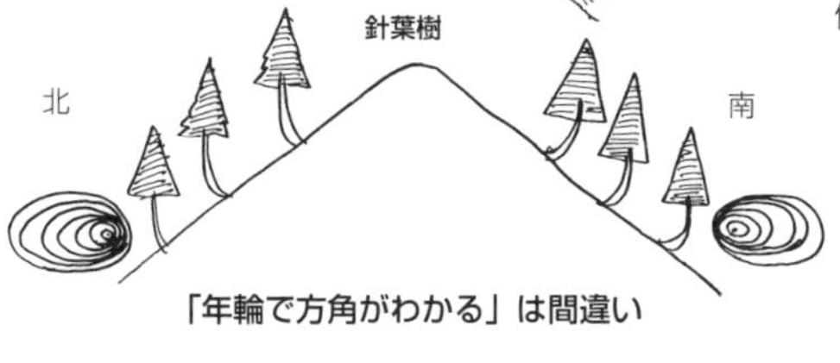

「年輪で方角がわかる」は間違い

年輪が語る 2

わずかな環境の差で異なる年輪幅

年輪で昔の気象を調べられるんだ

光の獲得競争で負けた木は年輪幅が狭い

同じ種類の木でも厳しい環境で育ったものは、恵まれた環境で育ったものよりも年輪幅が狭くなります。適度に肥料成分があり日当たりの良い土地に育った木は、年輪幅が広くなります。土壌が乾きぎみだったりやせたりしている所では狭くなります。

また、同じ場所の木でも、日光の獲得競争で劣勢になった木と優勢になった木とでは、年輪幅が驚くほど違います。たとえば同じ40年生のスギの人工林の中にも、直径10cmに満たないものから30cm以上に達したものまであります。

ぼくら同じ年

年輪でわかる気象異変

樹木の年輪幅は幹の傾斜や風の力、土壌条件の良し悪しなどにより変わりますが、年ごとの変化は暑さや寒さ、乾燥や湿潤といった気象条件によってだいたい決まります。また同じ年輪幅でも、春暖かく夏から秋に寒いのと春寒く夏から秋に暖かいのとでは、*早材と*晩材の幅が異なってきます。ですから、土の中から出てきた木片がいつごろのものかを調べるには、年輪幅を詳しく調べて、すでに年代がわかっているほかの木の年輪と比較すると、いつごろ生長した木なのかがほぼ正確に判断できます。ここで注意しなければならないのは、あて材の形成や病害虫、枝折れ、幹折れによっても年輪幅が変わってくるので、それによる年輪幅の変化も考慮しながら総合的に判断することです。

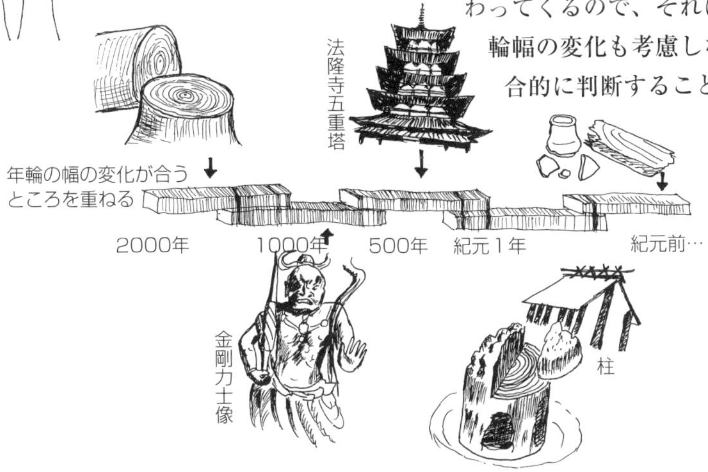
法隆寺五重塔
年輪の幅の変化が合うところを重ねる
2000年
1000年
500年
紀元1年
紀元前…
金剛力士像
柱

【早材(春材)】春から初夏にかけてつくられる、色が明るくやや粗い材。
【晩材(夏材あるいは秋材)】夏から秋にかけてつくられる、色がやや暗く緻密な材。

太いから古木とは限らない

大木の樹齢判断は難しい

大木を前にして、「この木の樹齢はどれくらいだろうか」とよく聞かれますが、これが結構難しいのです。樹齢を知るには、年輪を数えてみないとわかりません。しかし、樹齢を知るためだけの理由で切ることは普通はできないので、成長錐《せいちょうすい》という器具で穴をあけて細いコアを抜き取って調べます。

しかし、古木ともなれば、ほとんどの木は中が空洞で、年輪を詳しく数えることはできません。人が植えた木なら古い記録文献から調べることができるかもしれませんが、天然の木だと、同じ樹種の同じ場所における平均的な生長量から樹齢を推定するしか方法はないのです。

でも大木になるような木は競争に負けた木ではなく、勝った木ですから、若いころの生長はとても良好だったと考えられます。周囲の木の平均的年輪幅をあてはめても間違えることがあります。被圧されながらも細々と生き残ってきた木は、細くても大木と同じ年齢である可能性があります。

さらに、太い木の中には、何本かがくっついた合体木となっていることがあります。古いと思っていた樹木が意外と若かったり、逆に細いのに結構な年数であったりします。樹齢を太さだけで推定するのは、ちょっと信頼性にかける方法です。

「太いから古木」とは限らない

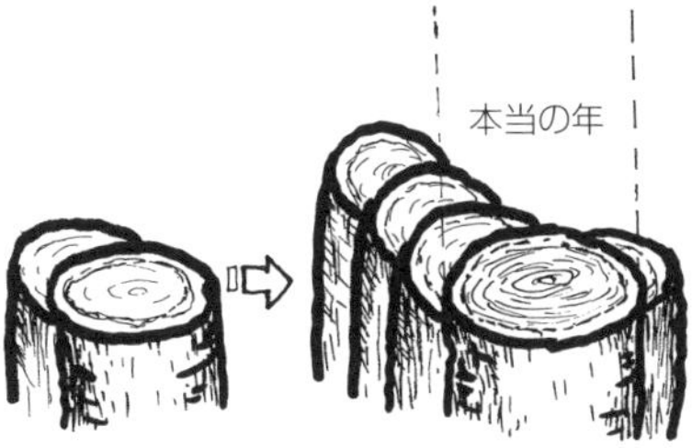
本当の年

フジは半月状の年輪を余分につくる

こちらのほうが
多いこともある
年齢不詳

フジの樹齢は年輪ではわからない

フジの年輪をすべて数えたら相当な数になります。しかし、この年輪にだまされてはいけません。フジはひとつの円形の年輪をつくると同時に、半月状の年輪をいくつかつくるのです。本当の年齢は、元の部分の丸い年輪の数だけなのです。半月状の年輪を余分につくることでフジの幹は扁平になり、幹に密着し巻きつきやすくなります。

しかし、この元の部分が生長をやめてしまい、半月状の部分だけが生長し続けることがよくあります。そうなると、本当の年齢はわからなくなります。

早材（春材）と晩材（夏材）

年輪の１年を見ると、色が明るく材がやや粗くなっている部分と、色がやや濃く材が緻密な部分があります。明るい部分は年輪の内側にあり、春から初夏にかけてつくられた材で、早材あるいは春材といいます。外側の色がやや濃い部分は夏から秋につくられた材で、晩材あるいは夏材（秋材）といいます。

冬から早春にかけて伐採された材は年輪が緻密な晩材で終わり、形成層も休眠状態になっているため、樹皮は固くなっています。

一方、初夏から盛夏にかけて伐採された材は、形成層がまだ盛んに材と篩部をつくっている時期だったので、細胞がやわらかく、樹皮は少しの衝撃でもはがれてしまいます。

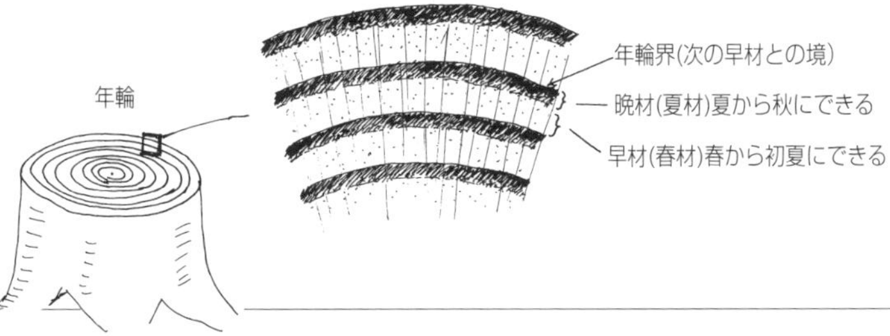
年輪
年輪界(次の早材との境)
晩材(夏材)夏から秋にできる
早材(春材)春から初夏にできる

年輪をつくらない タケとヤシ

節間を一挙に伸ばし、その後は太さも高さも変わらないタケ

タケやヤシは、最初に肥大生長して太さが決まると、それ以上は肥大生長せず、年輪をつくりません。しかし、この二つの植物の生長の仕方はまったく違います。

タケは体の節の部分を一挙に伸ばします。タケノコの生長を思い出してください。タケには各節のすぐ上に生長点があり、縮んでいた体を伸ばすように全体が生長すると、以後は高くならず変わりません。節の数も最初のタケノコのときにできていた数で決まり、増えることはありません。

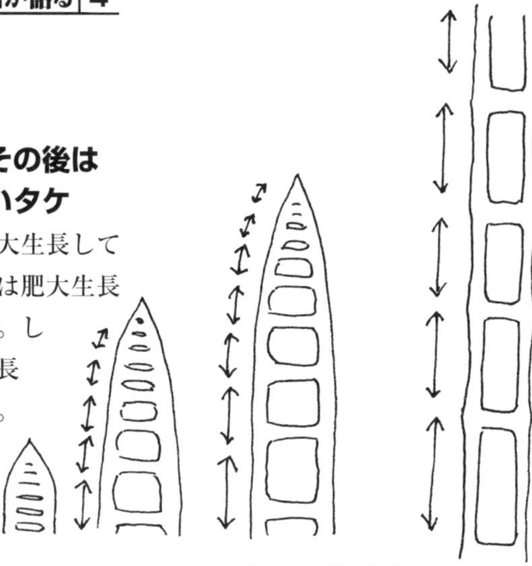
タケは節間を一挙に伸ばす

しかし、タケには桿の上のほうの節に細い枝が2～3本ずつついており、その小枝の節から出ている葉は毎年入れ替わります。

毎年頂部だけが伸びるヤシ

ヤシも年輪をつくりませんが、てっぺんの部分が生長点で、毎年上へ重なるように伸びていき、葉が1枚出るごとに節がひとつ加えられます。枝はなく、その年に伸びる分の幹の太さはその年に決まります。葉が落ちると二度とその節から葉が出ることはありません。また先端の生長点を切ってしまうと、そのまま枯れてしまいます。

ヤシの木の幹をよく見ると、やや太い部分とやや細い部分があります。細

ヤシは毎年上へ重なるように伸びる

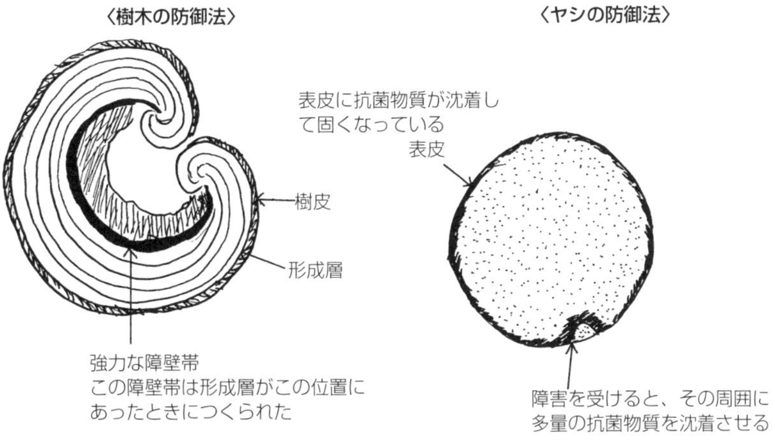
〈樹木の防御法〉
樹皮
形成層
強力な障壁帯
この障壁帯は形成層がこの位置にあったときにつくられた
〈ヤシの防御法〉
表皮に抗菌物質が沈着して固くなっている
表皮
障害を受けると、その周囲に多量の抗菌物質を沈着させる

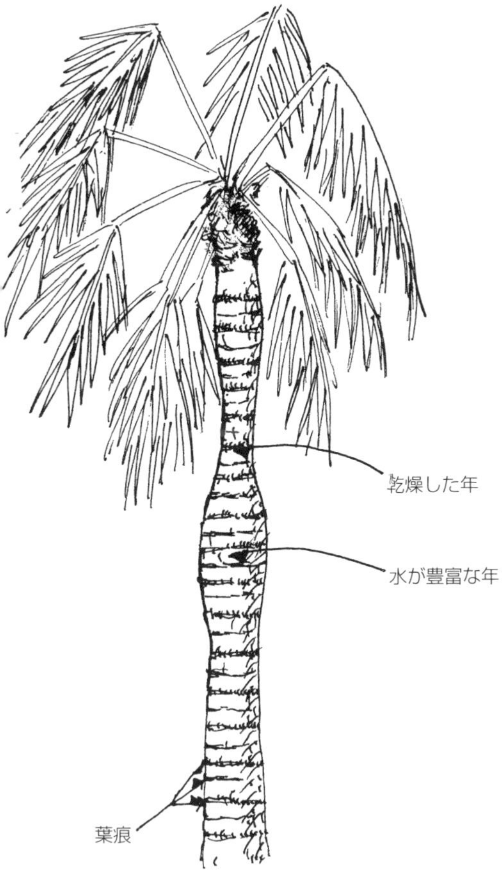
乾燥した年
水が豊富な年
葉痕

い部分は、その部分がつくられた年に乾燥や、なんらかの理由で細胞の大きさが抑制されたのです。逆に太くなっている部分は、養水分が豊富に得られ細胞が大きく生長した年だったのでしょう。

腐りにくい物質をためて腐朽菌を寄せ付けないタケとヤシ

タケやヤシには形成層がないので、樹木と違って厚いコルク層をもつ樹皮がなく、年輪形成をしませんが、幹全体に柔細胞がたくさんあり、心材化という現象は起きません。病害虫に対する防御機能はとても強く、傷ついたりするとその周囲の柔細胞からたくさんの抗菌物質を出して傷の周囲の組織を固くし、病原菌を閉じ込めようとします。

ヤシの仲間のシュロの幹の断面を見ると、表皮の部分が黒褐色でとても固くなっており、強力な抗菌物質が沈着しているのがわかります。

樹林に侵入する
タケのパワーの秘密

タケノコが畳を突き上げて出てきたという話を聞いたことがあるでしょう。タケノコはまったく光が入らない暗闇でも伸びることができます。それはタケノコが伸びるのに必要なエネルギーを、地下茎を通じてほかのタケからもらっているからです。普通の木は葉を広げて光合成をして、そのエネルギーで大きくなるので、光が十分でないと生長できません。でもタケノコはその必要がないので、暗い樹林内に侵入することができます。

タケは暗い樹林内にも次々と侵入して、植林地などで問題になっている

現在、全国各地で放置されたマダケ林やモウソウチク林が樹林に次々と侵入し、樹林を破壊しています。

竹林を枯らすには、タケノコが伸びきって蓄積エネルギーが最も少ない6月から7月ごろにタケをいっせいに切ります。タケは、あわてて地下茎にためていたなけなしのエネルギーを使って小指くらいの太さの細いタケを出し

タケノコは暗い所でも伸びることができる

ますが、それをまた翌年の７月にすべて切ります。これを２回も続ければ竹林を枯らすことができます。

タケの移植法

タケを上手に移植するには、地下茎をなるべく大きく掘り取り、それについているタケの各節間の上部に細いキリで小さな穴をあけ、そこから注射針で水を注入します。

移植したばかりのタケは、地下茎についている根の機能が衰えて水分を十分に吸収することができませんが、竹筒の中の水がそれを補ってくれ、葉がしおれることがありません。葉がしおれないので、タケは十分な光合成をすることができ、つくった糖を根の生長にまわすことができます。

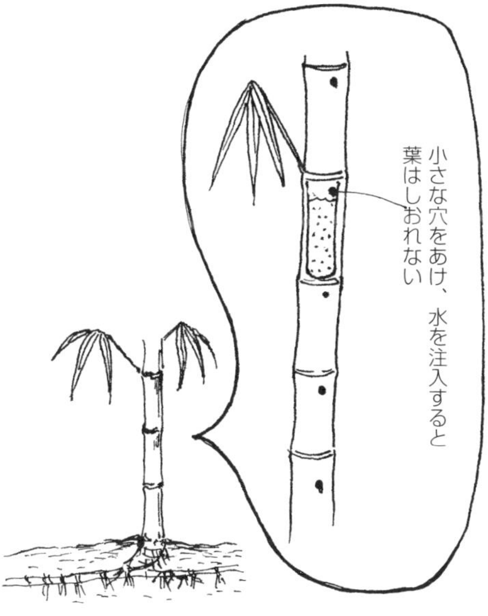
小さな穴をあけ、水を注入すると
葉はしおれない

タケの移植

おいしいタケノコをつくるには…

タケノコは、土をちょっと持ち上げて出ている状態のものがやわらかくておいしいのですが、まだ小さすぎます。

地面から上に伸びて大きくなったものは、ちょっと固くなって食べられなくなります。

やわらかくて大きなタケノコをつくるには、竹林に落葉をたくさんまきます。落ち葉がたくさん積もっていると、タケノコの頭はなかなか外に出ないので、やわらかくて大きなタケノコができるというわけです。

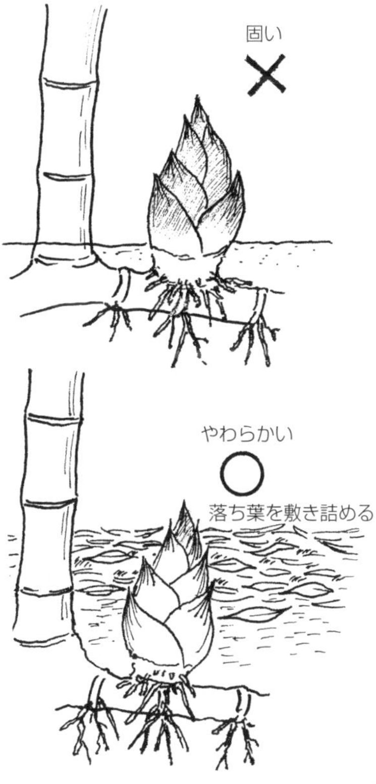
固い
×
やわらかい
○
落ち葉を敷き詰める

環境や人の手で変わる樹形

環境や人の手で変わる樹形 1

人が利用し維持した雑木林

株立ちの木

「萌芽更新」でできた株立ちの樹形

里山の雑木林に行くと、株立ちの木（根元から何本か幹が分かれて生えている木）がたくさんあります。なぜ、このようになっているのでしょうか？

昔から人々は、雑木を薪炭材として利用してきましたが、20数年に１回の割合で切り、その根元から伸びてくる数本のひこばえを新しい幹として育ててきたからです（169ページ参照）。これを萌芽更新といいます。雑木林は人間が手を入れた森なのです。種子から発芽した木が一度も切られることがなかったら、きっと幹が１本立ちの木の多い森になっていたでしょう。

木が切られたり衰退すると、眠っていた休眠芽が起き出したり、傷を直そうとしてできた癒傷組織から新しい不定芽がつくられて、再生を図ろうとします。

木は種子以外にも、こうして若返る方法をもっています。木の幹や根株には、いざとなったら目覚めて新しい枝になる休眠芽がたくさんあります。

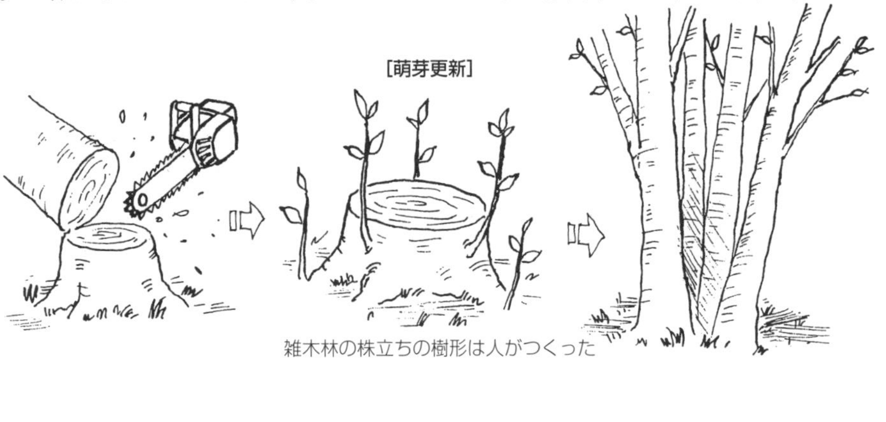

雑木林の株立ちの樹形は人がつくった

薪炭生産が維持した雑木林と松林

武蔵野の雑木林は、江戸の町に毎日大量の薪や炭を供給するためにつくられた人工林です。

薪炭林は最初の苗木を植えてから20〜25年たったときに根元から伐採します。その切り株から出たひこばえを育てて、また20〜25年たったときに切る、というのを３〜４回繰り返し、株が古くなって萌芽能力がなくなると株を起こし、豊かな腐植を利用して畑にします。畑にして何年かたって土地がやせてくると、また薪炭林に戻します。この雑木林は畑の防風林や堆肥の供給源にもなっていました。

もし、人が薪炭採取のための萌芽更新を繰り返してこなかったら、関東地方より西の低地では、落葉広葉樹の明るい雑木林はなく、シイやカシなどの暗い常緑樹の森がほとんどだったでしょう。

薪や松やにを採るためにつくられた松林は、毎年落ち葉かきをし、また時々伐採して直射日光の当たる条件をつくることによって種子の発達を促し、更新してきました。マツの種子は暗い所では発芽することができず、また発芽しても落ち葉が堆積して土が肥えていると立ち枯れ病などの病気ですぐに死んでしまうからです。

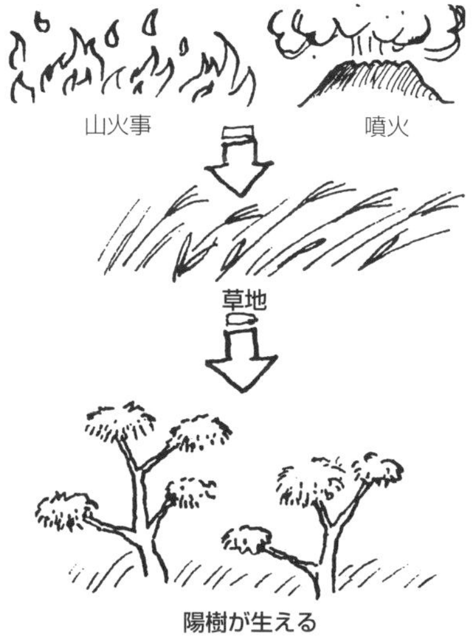

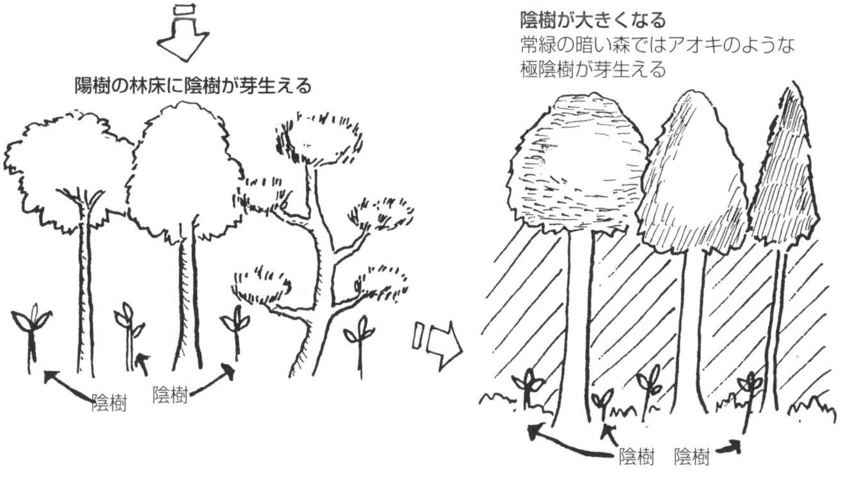

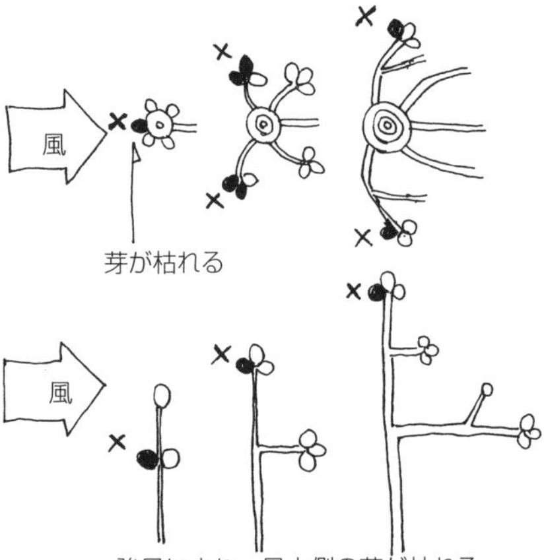

強風により、風上側の芽が枯れる

環境や人の手で変わる樹形 2

風がつくる樹形

強風がつくる片枝樹形

尾根や海岸近くに生える木には、ときどき旗ざおのように枝を片側だけに伸ばしている木があります。針葉樹に多いのですが、強風により風上側の芽が枯れて、風下側の芽は順調に伸びるためにこのような形になるのです。北海道の海岸近くに生えているアカエゾマツは、よくこのような樹形になっています。この形は不安定なように見えますが、ほとんど一方向だけから強い風が吹く場所では、力学的にはとても安定した状態です。

潮風がつくる階段樹形

強風だけなら頂芽は強いのであまり枯れませんが、海からの塩分をたっぷり含んだ強い風にさらされると頂芽も

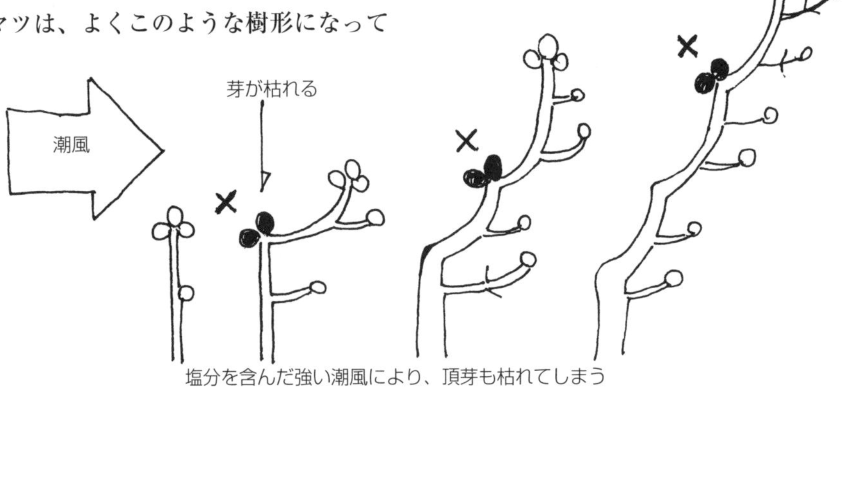

塩分を含んだ強い潮風により、頂芽も枯れてしまう

枯れてしまいます。頂芽が枯れると、風下側の側芽が上向きに生長して新しい幹になろうとしますが、そこにできた頂芽がまた潮風にさらされ枯れてしまいます。そんなことを繰り返している海辺の松林や北海道に多いカシワ林は、幹の形が階段状に傾斜しています。

強風でできる材の割れ

樹幹や大枝には、よく縦にひびが入っています。その多くは強風により、樹木に強い荷重がかかって材が縦に割れ、そのとき同時に樹皮も割れ、その後年輪生長により樹皮の割れた部分が開いて見えるようになったものです。

風が当たる向きや箇所によって、割れ方も違ってきます。

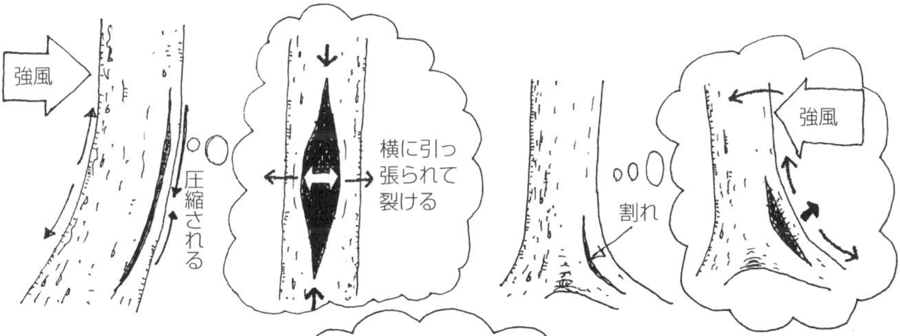

強風
圧縮される
横に引っ張られて裂ける
割れ
強風

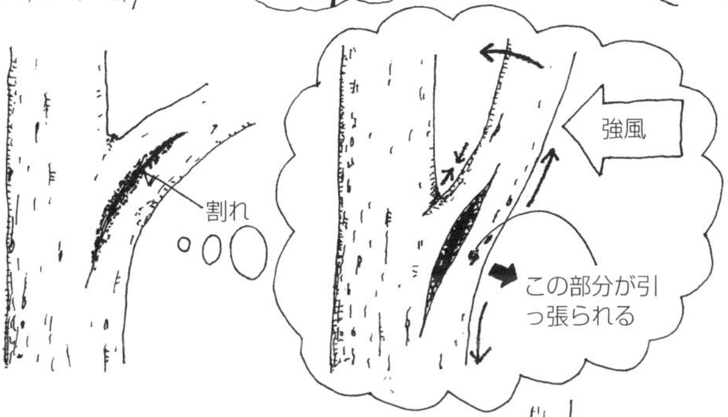

割れ
強風
この部分が引っ張られる

割れた跡を見ると、どのように強風を受けたかがわかる

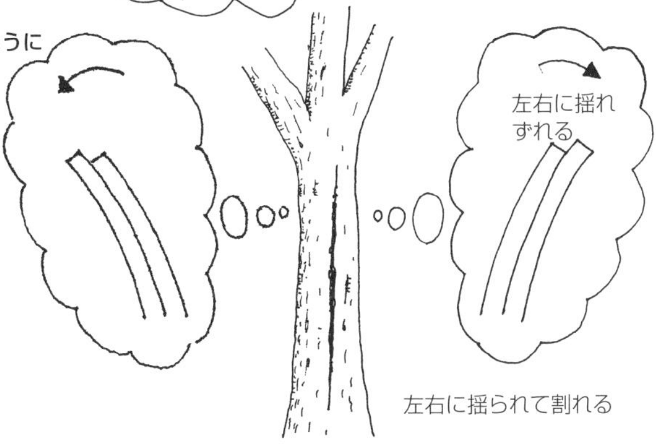

左右に揺れずれる
左右に揺られて割れる

土壌や温度環境で変わる樹形

尾根のスギはずんぐりむっくり型、谷のスギはノッポ型

尾根では、雨が降ってもすぐ下へ流れ去ってしまい、風も強いので土壌はとても乾いています。

ですから尾根のスギは、水を十分得るためには根を広く深く伸ばさなくてはなりません。また、尾根は常に尾根を越えようとする強い風にさらされているので、倒れないように風の通る方向の根を太くして深く広く張り、幹の断面も風の通る方向が長軸となる楕円形になります。幸い尾根には光が十分にあるので下枝も枯れずに葉をたくさんつけ、根や幹に十分な栄養を送ることができます。

谷にあるスギは水が十分に得られ、肥料成分も斜面の上から流れてくる水に十分溶けているので、養水分にも困りません。さらに風も弱いので背は高くなりますが、下枝は少なく、背の高さの割に根は浅く、あまり広がっていません。谷のスギは、必要最低限の根を伸ばせばよいのです。ですから、尾根のスギはずんぐりむっくり型、谷のスギはノッポ型です。

でも時々尾根の土がとてもよく湿っていて、谷に近いほうが乾いているということがあります。それは海に近くて霧がよくかかる所です。海から吹いてきた湿り気をたっぷり含んだ風が山にあたって上昇気流となり、雲を生じます。雲の中の小さい水滴は、尾根にある樹林の枝や葉にくっつき、しずくとなって根元に落ちます。風は尾根の樹林を通り抜けるときには、湿り気を失って乾いた風となって谷側に吹き降ります。このような所では、尾根の木もあまり広く根を張らず、背も高くなります。

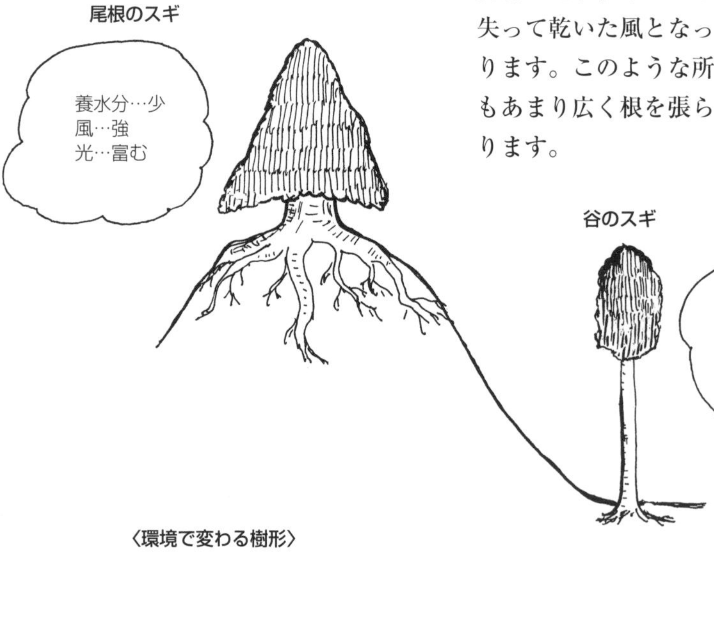
尾根のスギ
養水分…少
風…強
光…富む
谷のスギ
養水分…多
風…弱
光…乏しい

〈環境で変わる樹形〉

ユーカリを北海道にもっていくと草になる

ユーカリはとても巨大になる広葉樹ですが、この中でもとくに寒さに強い種類を選んで東北地方の北部や北海道に植えると、冬の間に雪に埋もれている部分は生き残りますが、それより上に伸びて寒風にさらされる幹は枯れてしまいます。春、雪が溶けると生き残った根元から萌芽して、ものすごい勢いで生長して、夏の終わりころまでには高さ３ｍほどになります。でもまた冬がくると積もった雪より上に出た部分は枯れてしまいます。木も１年生の枝は年輪をつくらない草と同じ構造をしているので、ユーカリの木は宿根草のようになってしまうのです。雪に埋もれる根元の部分には立派な年輪ができます。

フヨウも立派な木になりますが、寒い地方では草に変わってしまいます。

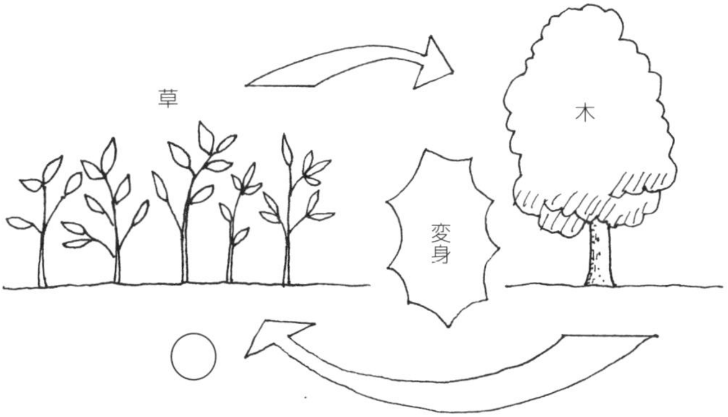

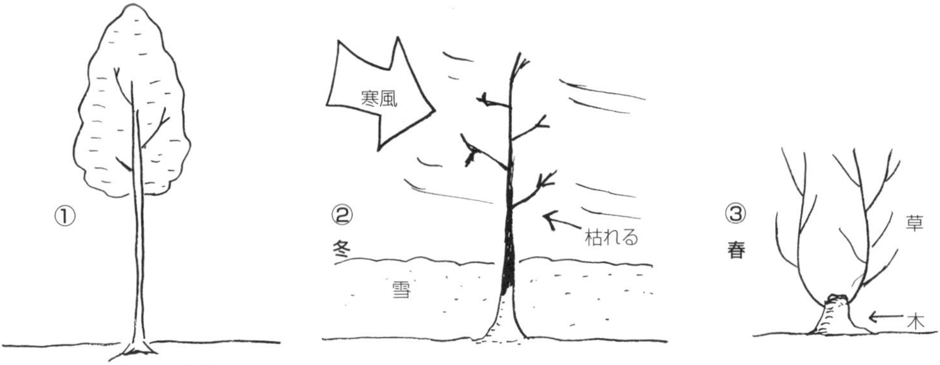

ユーカリを北海道に植えたら…

根元だけ生き残る

根元から萌芽する

（②と③を繰り返す）

孤立木と密生木

光で住み分けている森の木

森の木は幸せ？　実は競争社会

森を外から見るとひとつの巨大な樹冠（これを林冠といいます）のようですが、森の中から見上げてみると、それぞれの樹冠は重なっておらず、互いに住み分けています。

それは枝の先端同士が触れ合いそうになると、葉が植物ホルモンの一種のエチレンを出して、自らの生長を抑制しているからです。これには光の量も大きく関係しています。枝が重なって一方がもう一方の枝の陰になると、十分な光が得られず枯れてしまいます。こうして木は森の中で住み分けをしています。しかし、根のほうは複雑に重なり合っています。

樹冠は重ならず互いに住み分けている

雨の多い日本では、根のほうは住み分けておらず重なりあっている

森の木はノッポで短命

都会の木よりも森の木のほうが幸せのように見えるかもしれませんが、実は森では激しい生存競争が行なわれています。

森の中では、早く高く生長したほうが多くの日光を手に入れることができます。森の木がひょろ長いのは、そのためです。上にしか枝がついていないので十分な光合成ができません。ですから、森の木は普通250〜300年でほとんどすべて入れ替わってしまいます。

野原の孤立木はずんぐり型で長命

広々とした野原の中に立っている木は、低い位置から四方に枝葉をたくさんつけ、幹も太くどっしりとしたずんぐり型です。

広い空間をもった公園や神社の木などは、四方から光が当たり、エネルギーの生産量も多いので、ときには1000年近くも生きることがあります。

孤立木は日光一人じめ

土壌の水で住み分けるサバンナの孤立木

アフリカのサバンナのように乾燥した地域のアカシア林は、樹木と樹木の間隔がかなり離れて、それぞれが孤立木のように見えます。しかし、根は互いに接するほど広く伸びています。ただし、アレロパシーを出して互いに根の生長を抑制しあっているので、交わることはなく、少ない水を分け合っています。

乾燥地では、光でなく水の量が木の密度を決めているのです。間隔が開いていて日当たりは十分でも、根はぎりぎりで住み分けているのです。

このような所にほかの木が割り込もうとしても、ほとんど生長することができません。

水が少ないから
分け合わなきゃね

乾燥地では根が住み分けている

崩壊地が好きな木

木の中には、環境が厳しくてほかの木が入ってこれない場所を選んで、住んでいるものもあります。たとえば、土砂崩れや雪崩がひんぱんに起き、ぽっかりとあいている場所には、ヤマハンノキやシラカンバなどが陣取っています。ほかの木と競争する力が弱いので、競争相手がなく十分な日光が得られる場所を選ぶのです。

ただし、このような場所は、また崩れてしまうことが多いので長いこと立っていることはできません。このような所に生える木は倒れても萌芽力は強いのですが、寿命は長くありません。まれに条件の良い所に生えているダケカンバの中には巨木になるものもあります。

崩壊地は土壌条件は悪いが、日光は十分にあり、競争相手なし

本来の樹形ではない 人工樹形

刈り込み・強剪定で樹勢衰退

庭木や生垣など年に数回刈り込みを受ける木は、大きさが抑制され、枝も先端に小枝が集中する形になります。庭木は、このようにこじんまりとまとまった樹形が好まれますが、木にとっては決してうれしいことではありません。

毎年出る徒長枝を刈り込む

木はのびのびと枝を伸ばしたいので、常に*徒長枝を出して葉をたくさんつけようとします。しかし、庭で徒長枝が伸びると「樹形を乱す」といわれ、じゃまもの扱いされて切られてしまいます。

たとえ刈り込みに強いといわれる樹種でも、常に強い剪定を受けていると樹勢が衰退し、枝枯れや材質腐朽が発生し、樹形を損ね寿命も短くなってしまうことが多いようです。

刈り過ぎて
樹形を損ねることが多い

【徒長枝】剪定した切り口の付近や株元から発芽して、ほぼ直立して長く伸びる枝をいいます。花をあまりつけず、刈り込んだ樹形も乱すので、普通は嫌われます。

街路樹の運命

　街路樹は林縁木に似ています。多くの街路樹は道路側に傾きます。歩道側には建物が迫っているので、まるで林のはしっこの木が、光が多いほうへ枝を伸ばして傾いていくように、街路樹も光の多い車道側へ傾いていくのです。

　しかし、林縁木は傾きを支えるための根を十分に張ることができますが、街路樹は支えるための根どころか、水分を吸うための根も十分に伸ばせないほど小さな植え桝に植えられていて、根の量と広がりや深さが極端に制限されています。本来なら広葉樹は傾きの反対側へ根を広く張り、体を支えるのですが、街路樹では縁石や舗装の補修工事、ガス・水道の埋設工事により、たとえ伸びたとしてもすぐに切られてしまいます。根はふんばる手がかりを失っているのです。そして「台風で倒れると危険だから」「葉が落ちる前に」などの理由で年に1～2回行なわれる強剪定は、いっそう街路樹を弱めることになります。街路樹は過酷な運命を歩んでいます。

光を求め道側へ傾く

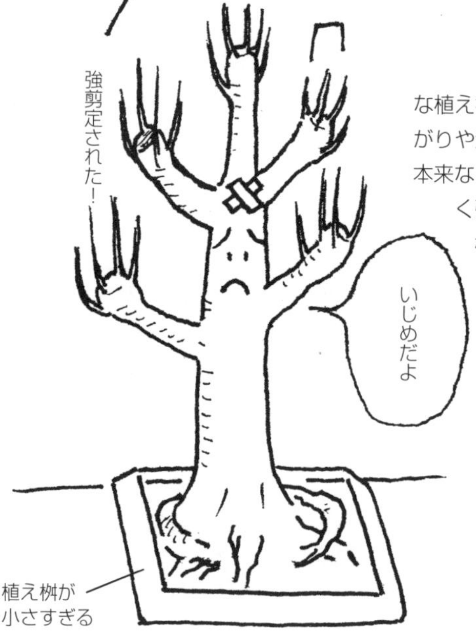
強剪定された!
いじめだよ
植え桝が
小さすぎる

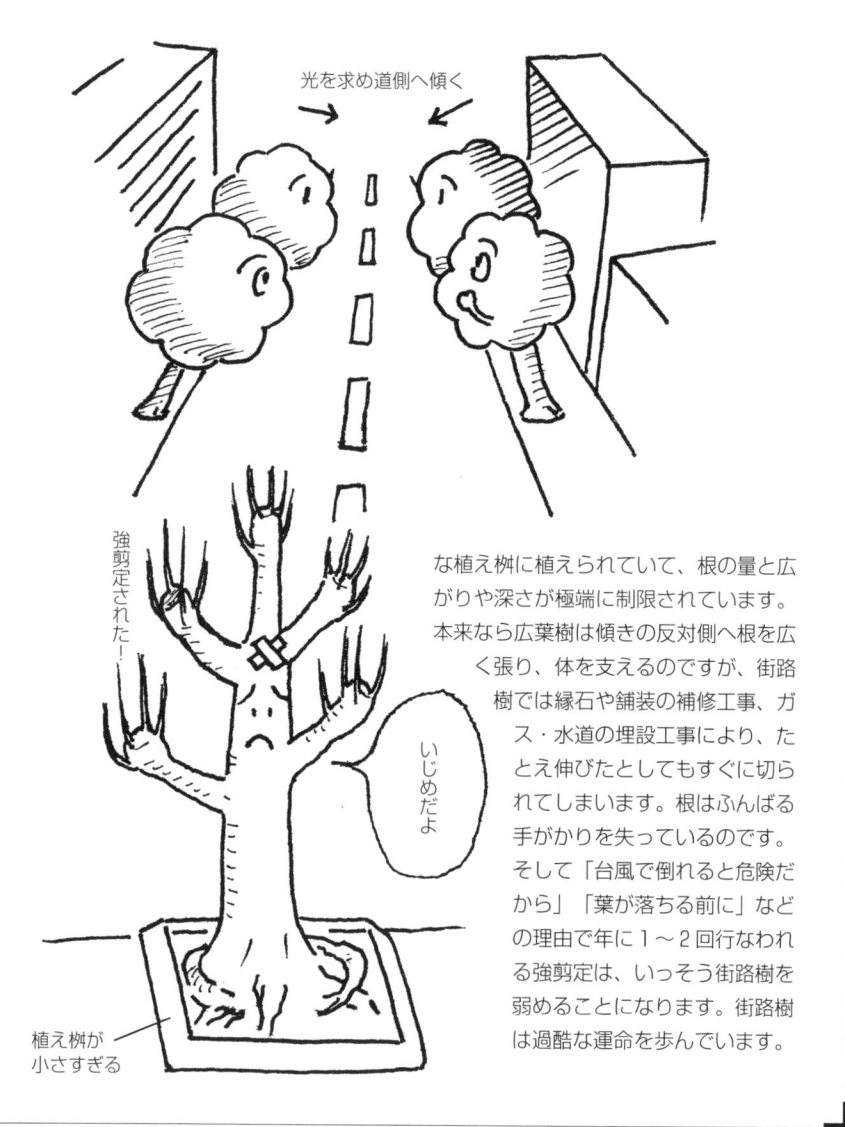

PART 2

木の育つしくみ
誤解をしていませんか

土から栄養をとる
水を吸い上げる音が聞こえる
木は深く植えたほうが良い
植えた木には常に水をやる
アリが木を腐らせる
キノコを取ったら腐れはとまる
すべて誤解です

栄養を土からとるのではない

木の断面を見る

木の葉は太陽の光エネルギーを使って糖をつくります。糖は枝・幹の篩部《しぶ》組織の柔細胞を通って根まで運ばれます。この篩部柔細胞は生きているので、道管や仮道管と違って中空ではなく、細胞質が詰まっています。この柔細胞がどうやって糖や他の物質を運ぶのかは、まだよくわかっていません。水は根から材部の道管（広葉樹・タケ・ヤシの仲間）や仮道管（針葉樹・ソテツ・イチョウ）を通って葉まで送られます。

篩部組織の内側には形成層があり、形成層は細胞分裂をして内側に材を、外側に新しい篩部をつくります。

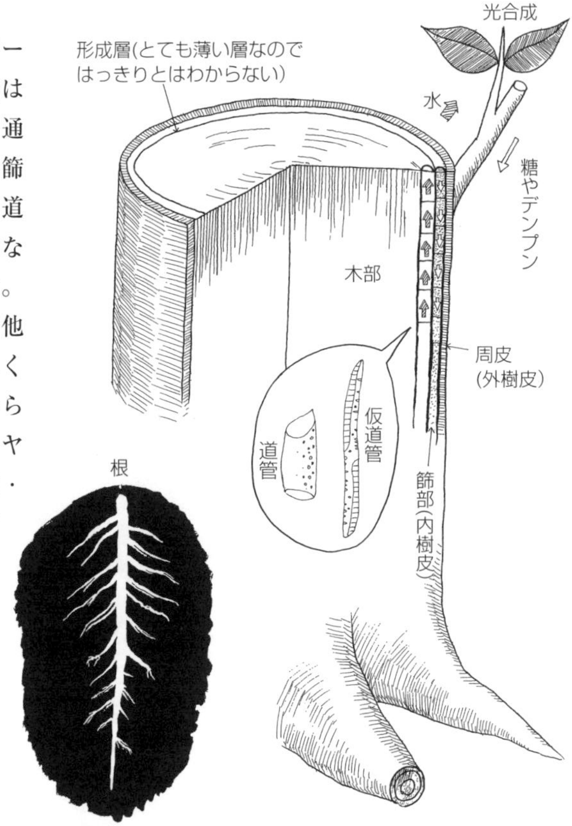

心材と辺材と樹皮

樹皮下の形成層が年輪をつくる

木の幹を横に切ると、断面は中心にある暗い色の部分とまわりの明るい色の部分に分かれているのに気が付くでしょう。この中心部分を心材といい、周辺部分を辺材といいます。

辺材は根が吸い上げた水を葉まで運ぶときの通り道となっています。この通り道を仮道管（針葉樹）や道管（広葉樹）といいます。道管や仮道管は死んだ細胞ですが、辺材には同じく死んだ細胞である繊維細胞（広葉樹）や生きた細胞である柔細胞があります。

腐朽しにくい物質をためて心材化

辺材部分は、古くなると柔細胞が徐々に死んで心材化していきますが、そのとき細胞にテルペン類、フェノール類、ポリフェノール酸などの抗菌性物質が集積して濃い色になります。

心材と辺材の境がはっきりしている木と、ぼんやりとしている木があります。どの木にも辺材から心材へ変わる移行帯がありますが、その移行期間が短いものと長いものがあります。ケヤキなどは短く１～２年で移行し、心材との境ははっきりしています。

サクラの移行期間はやや長く、心材と辺材の境はぼんやりしています。ポプラ、ヤナギなどは移行期間が長く、そのうえリグニンやタンニンの量がもともと少ないため、心材化してもよくわかりません。

樹種によって違う心材のできる年数

樹種によって、辺材から心材に変わる年数が違います。

カエデ類はかなり長期間、辺材中の柔細胞が生きています。とくに北アメリカのサトウカエデは、100年以上経たないと心材ができないといわれています。ポプラは約20年、サクラは５年程度、ホワイトオークは２～３年で辺材が心材化します。ホワイトオークやケヤキのような樹種では辺材が心材化していく過程で、放射組織の柔細胞の内容物が道管の中にふくれ出て、道管を閉塞させる現象が起きます。これをチロースといいます。チロースが生じると道管は水を通さなくなるので、ホワイトオークはウイスキーの樽に、ケヤキは椀に使われるのです。

辺材が長期間生きる樹種も水分を通導させる機能は、ほとんどがつくられてから数年以内の年輪で行なわれており、その大部分が最も新しい１年分の年輪で行なわれています。

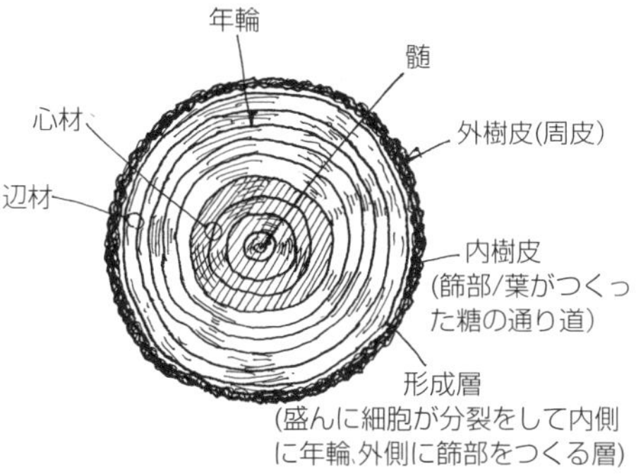

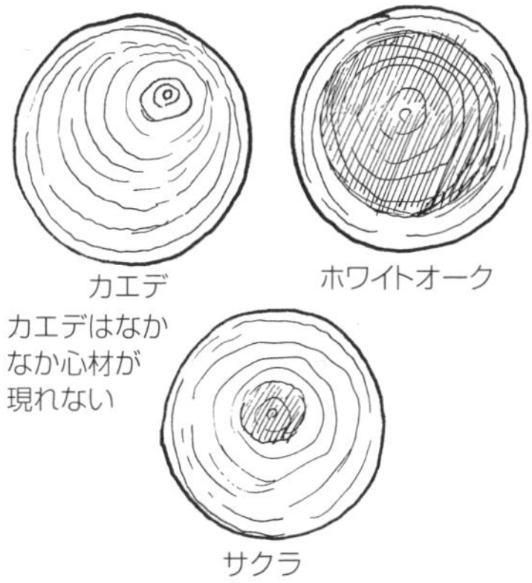

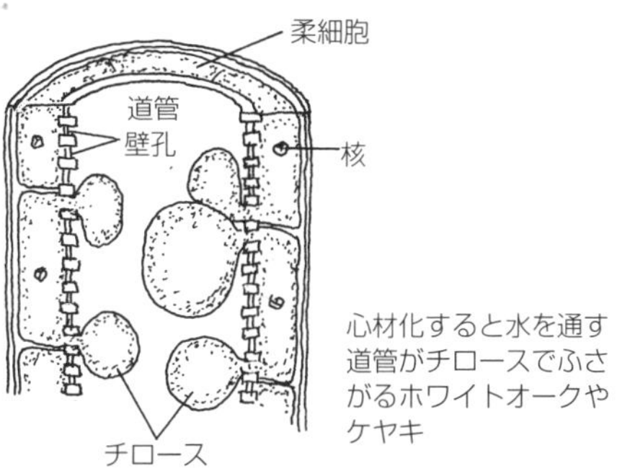

カエデはどんな木？

カエデ類はコルク層が薄く、かなり太い幹でも樹皮で光合成をしています。ウリハカエデは、光合成をしている皮層組織とコルク組織が交互に縞状に並んでいます。

カナダの国旗にもなっているサトウカエデは、樹液からメイプルシロップが採れます。日本のイタヤカエデからもシロップが採れます。そのため、甘い樹液を求めて樹皮を食べたり、木に穴をあけるゴマダラカミキリなどの虫の害が、ほかの樹種より多いようです。

カエデ類は、そのような虫害から身を守るために、傷ができるとすぐに強力な防御層を発達させます。

樹皮でも光合成

サトウカエデから樹液を取る

メイプルシロップ

イロハモミジ

花と実が上向き

**ヤマモミジ
オオモミジ**

花と実は下向き

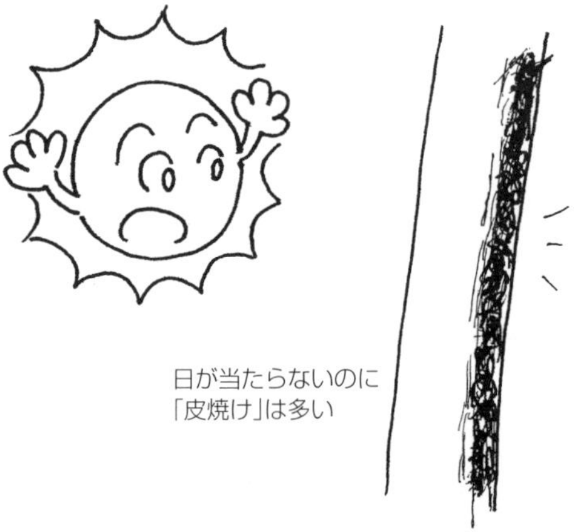
日が当たらないのに「皮焼け」は多い

「皮焼け」しやすい樹皮の薄い木

樹皮の形成層の損傷は、木にとって深刻な問題となります。

樹皮が薄く、コルク層がよくはがれるナツツバキ（シャラノキ）、サルスベリなどは、それまで樹皮に日射が当たっていなかったものが、陰をつくっていた木や建物がなくなって急に西日などの強い日差しが当たるようになると、「皮焼け」の状態になることがあります。

樹木が健康であれば、強い日差しに対応して樹皮のコルク層を厚くするので、少々肌がガサガサする程度で問題はありませんが、樹勢が衰退しているとコルクを厚くすることができず、また、年輪を通る水の上昇速度も遅いので、形成層が連日の高温で死んでしまい、そこから溝状に腐ってきます。

しかし、樹木に見られる「皮焼け」といわれている現象の多くは、強剪定や移植時の根の切断が原因となって発生する溝腐れ状の胴枯れ病で、日光が当たらない部分でもみられます。

定芽と不定芽

幹の芯から伸びる枝（定芽）

木は普通、幹や枝の先に頂芽を、葉の腋に腋芽《えきが》をつくり、春に発芽して生長させます。茎頂《けいちょう》と葉腋《ようえき》は普通、定常的に芽をつくる場所であるので、そこにできる芽を「定芽《ていが》」と呼んでいます。

定芽は茎が伸びたときにすでにできているので、断面を見ると定芽から伸びた枝の跡は幹の髄に接しています。

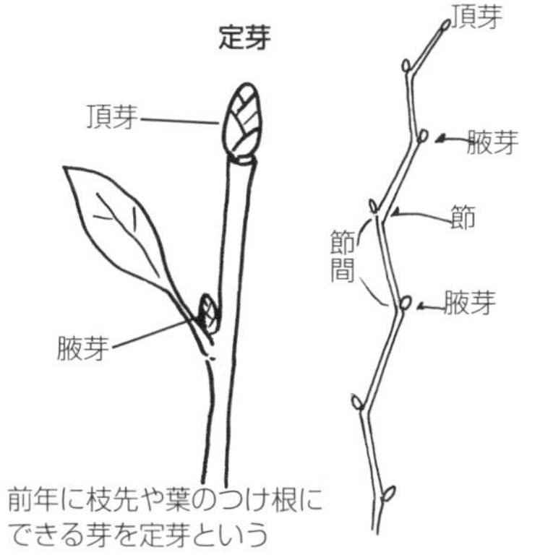
定芽
頂芽
腋芽
前年に枝先や葉のつけ根にできる芽を定芽という
頂芽
腋芽
節
節間
腋芽

発芽しなかった定芽が休眠芽に

ところが、頂芽や枝の上方の強い腋芽が活発に生長を開始すると、枝の下のほうにある小さな腋芽は発芽しないで、そのまま「休眠芽」となることが少なくありません。また、発芽しても細く弱い枝にしかならず、上方の葉に覆われて十分な日差しを受けられず、すぐに枯れてしまった枝の痕跡が、休眠芽となることがあります。休眠芽のことを潜伏芽ともいいます。

休眠芽は、新しい年輪ができ幹が生長しても芽の原基が幹の表面に形成され続けます。幹や枝の断面を見ると、その生長のあとが白い線となって現われています。これを芽《め》トレースと呼びます。また、樹皮にもこの芽の跡が横すじとなって現われます（19ページ参照）。その幹や枝が最初に伸びたときにできた腋芽が休眠芽となったものは、休眠芽の横すじが幹周の3分の1ほどの長さになっています。後からできた休眠芽は、それより短くなっています。

休眠芽は、その先の枝が切られたり樹冠の枝が衰弱して葉が少なくなると目覚めて発芽します。このような枝を胴吹き枝と呼んでいます。

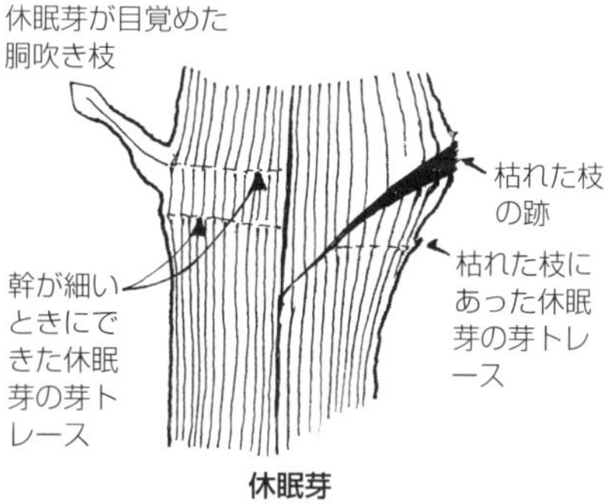
休眠芽が目覚めた
胴吹き枝
枯れた枝の跡
枯れた枝にあった休眠芽の芽トレース
幹が細いときにできた休眠芽の芽トレース
休眠芽

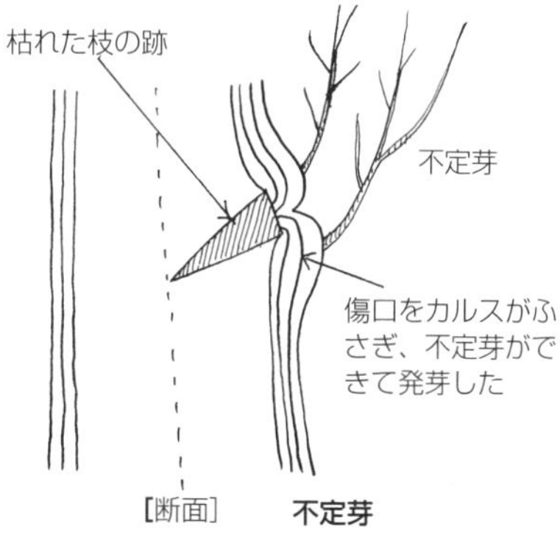
枯れた枝の跡
不定芽
傷口をカルスがふさぎ、不定芽ができて発芽した
[断面]
不定芽

芽のないところから伸びる不定芽

幹や大枝から発生する芽には、もうひとつ別のタイプがあります。木が穿孔虫害を受けたり枝が枯れて傷ができると、傷口の周囲の形成層が盛んに分裂してカルス細胞ができます。この細胞は、新しいうちはまだ何になるか決まっておらず、翌年になると傷をふさぐ樹皮になったり、ときには芽になったりします。傷のそばにコスカシバ幼虫などの穿孔虫が出した虫ふんや腐朽など、土のようなものがあると根になることもあります。このようにしてできた芽を不定芽《ふていが》と呼び、根を不定根《ふていこん》と呼びます。しかし、傷を覆う組織が不定芽をつくってもすぐには発芽せず、休眠芽となることがしばしばあります。

休眠芽も不定芽も、強剪定などを受けて発芽すると急激な生長をして徒長枝となることが多いようです。両方とも若いときに枝分かれした腋芽の枝と異なり、枝の組織が深く入り込んでいないので、折れやすくなっています。

〈定芽、休眠芽、不定芽の枝の断面〉

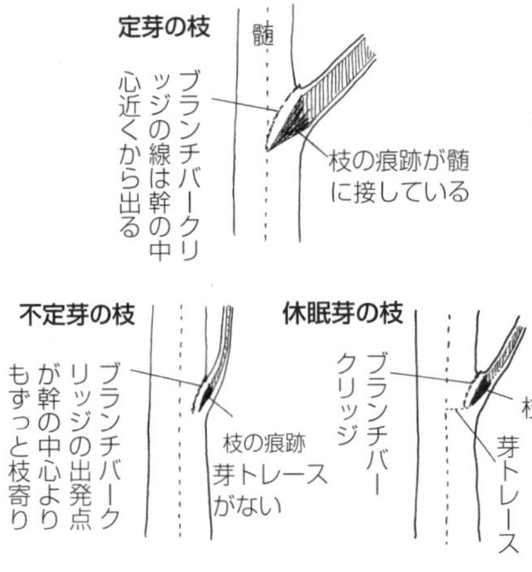

定芽の枝
髄
ブランチバークリッジの線は幹の中心近くから出る
枝の痕跡が髄に接している
不定芽の枝
ブランチバークリッジの出発点が幹の中心よりもずっと枝寄り
枝の痕跡
芽トレースがない
休眠芽の枝
ブランチバークリッジ
枝の痕跡
芽トレース

環状剥皮

糖
環状剥皮

形成層をぐるりと取ってしまうと木は枯れる

巻き枯らし

篩部は、葉がつくった糖などの物質を根まで運ぶ通り道になっています。幹の樹皮を、形成層も含めて幅15cmほどぐるりと一周するようにはぎ取ると、葉でつくられた物質が下方へ送られなくなり、新しい樹皮も形成されないので、半年ほどたつと枯れてしまいます。このように樹皮と形成層を除去することを「環状剥皮《かんじょうはくひ》」といい、こうやってじゃまな木を枯らす方法を「巻き枯らし」といいます。

しかし、少しでも形成層が残っていると、新しい樹皮ができて再びつながり枯れずに生き残ることがあります。

また、形成層を完全に取り除いても、

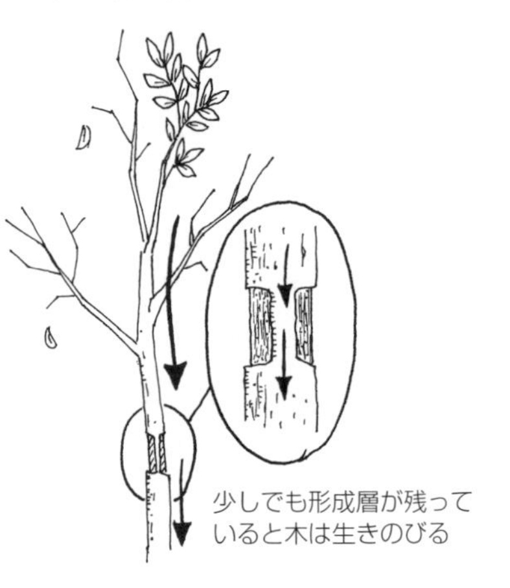
少しでも形成層が残っていると木は生きのびる

辺材部の柔細胞が、樹皮がなくなったことによって再び細胞分裂をして形成層となり、新しい樹皮をつくってしまうこともあります。この現象はイチョウやサクラでしばしば見られます。

〈取り木〉

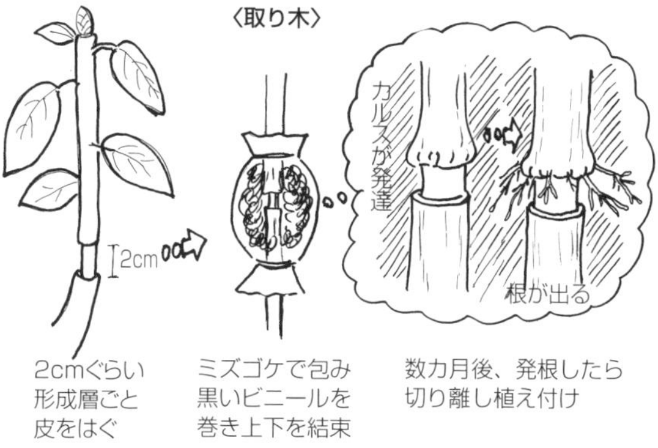
2cm
カルスが発達
根が出る
2cmぐらい
形成層ごと
皮をはぐ
ミズゴケで包み
黒いビニールを
巻き上下を結束
数カ月後、発根したら
切り離し植え付け

取り木

小枝に環状剥皮をして、そのまわりに水を含ませたミズゴケなどを巻き、ビニールで覆って乾かないようにしておくと、傷口の上部にカルスができ、そのカルスに不定根ができて発根します。十分発根してからその下で切って植えると、取り木苗ができます。この場合も、形成層を完全に除去しないと、皮が再びつながって根が出ないことがあります。

木の断面を見る｜4

材の癒合

石やパイプを飲み込む木

木は固い物体に接触すると、その接触した部分の周囲の形成層が急激な細胞分裂をして盛り上がり、相手を飲み込もうとします。盛り上がった部分の年輪は、異物に対していつもほぼ90度の角度になります。異物を飲み込んでしまうと両側から伸びてきた材は癒合します。

樹木は枝が切られたり幹に傷ができたりすると、そこから病原菌が侵入するのを防ぐために傷口をふさごうとします。樹幹の表面近くの材には常に大きな力がかかっているので、傷口から材質腐朽菌が入ったり胴枯れ病菌が入ったりすると、幹が折れてしまうかもしれません。

そこで、傷口の周囲の形成層はとくに盛んに細胞分裂をします。傷がまだふさがらないうちは、形成層の先端は傷の面に対して直角ですが、両側から形成層が接近してくると角度を変えて直線でつながるようになります。

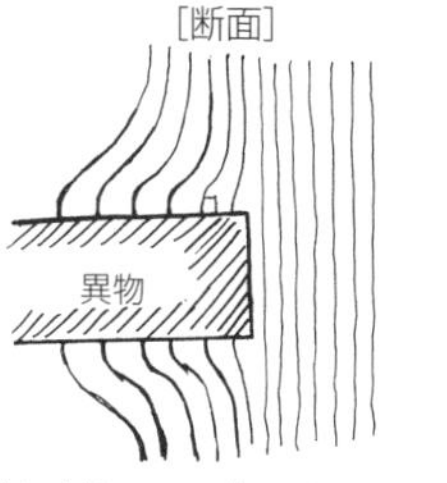
[断面]
異物
異物に対してほぼ90度になる年輪

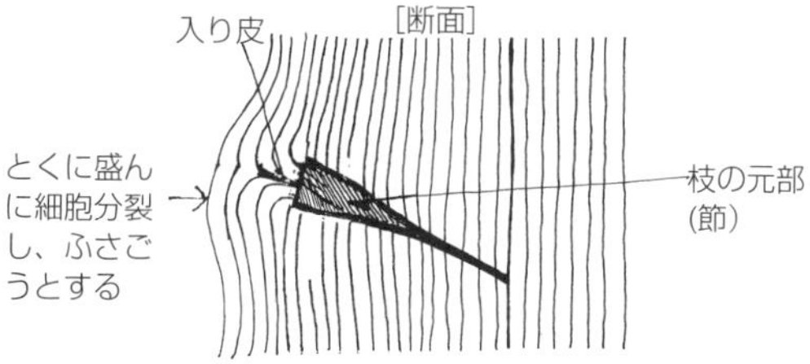
入り皮
[断面]
とくに盛んに細胞分裂し、ふさごうとする
枝の元部(節)

生長応力と乾燥収縮

木が生きているときは材には多くの水分が含まれています。とくに柔細胞は水分を常に取り込もうとしているので、年輪に対して接線方向に互いに圧縮しあい、材の割れを防いでいます。とくに樹木が肥大生長する過程で形成層に、そのときの樹幹にかかる荷重の状態に応じて内部応力が生じます。それを生長応力《せいちょうおうりょく》といいます。

しかし、木を切って乾燥させると細胞は収縮し、放射組織《ほうしゃそしき》に沿って放射状に割れます。放射組織は幹の表面と材の中心をつなぐ組織で、年輪がはがれたりしないようにボルトで連結するような機能をもつとともに、篩部から材のほうに物質を送るときの通り道となっています。

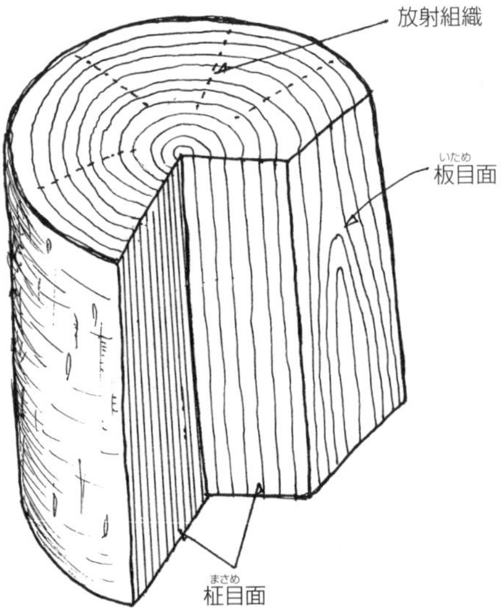
放射組織
板目面《いため》
柾目面《まさめ》

材が乾燥すると

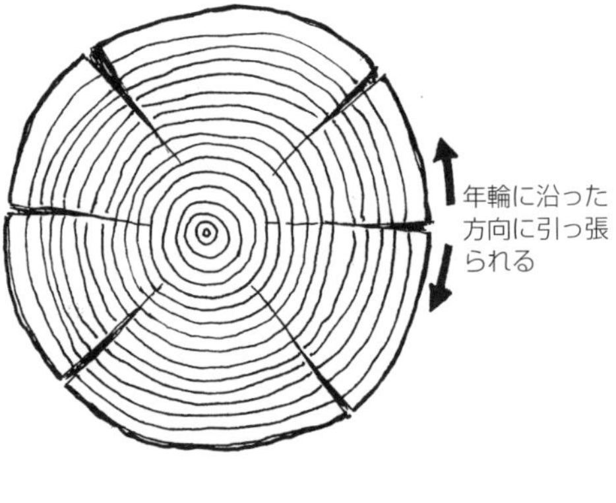
年輪に沿った
方向に引っ張
られる

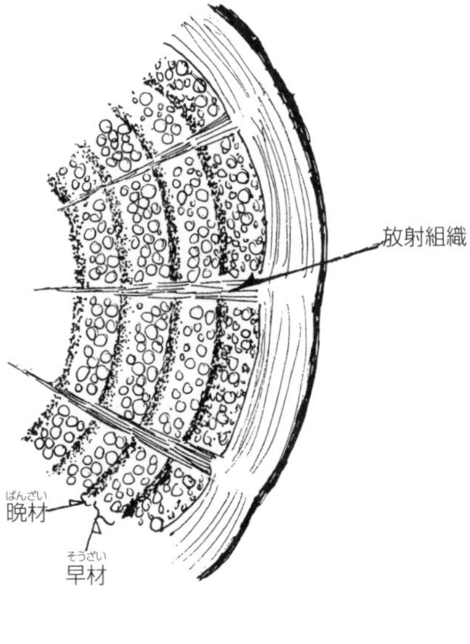
放射組織
晩材《ばんざい》
早材《そうざい》

木の断面を見る　6

切るとゆがみやすい「あて材」

針葉樹の圧縮あて材は伸びる

「あて材」とは、幹や大枝が傾きを修正しようとして曲がった部分にできる材で、生きた木にとっては、なくてはならないとても重要な働きをしています。

傾斜地では常に山側の上の木の樹冠が覆いかぶさってくるために、個々の樹木は山側の枝が枯れて、谷側の枝が多くなります。スギやヒノキなどの針葉樹は、樹幹はまっすぐ伸びようとしますが、樹冠の重心は谷側に偏っています。そのため樹体の重心が常に谷側にずれ、それを支えるためのあて材が谷側に発達します。

多雪地の傾斜地では、傾斜をずり落ちる雪が若い苗木を押し倒すので、そこから起き上がろうとするスギの根元近くの幹には、極度にあて材が形成されます。

針葉樹のあて材は常に押しつぶすような力を受けている部分なので、「圧縮あて材」と呼ばれています。圧縮あて材はリグニンが多く、生きている木では重い体を押し上げるような働きをしています。圧縮あて材では、個々の細胞は軸方向に伸びようとしているので、切られると圧縮力がはずれ、材が縦方向へ伸びます。

広葉樹の引っ張りあて材はちぢむ

広葉樹のあて材は傾きの反対側にあり、常に引っ張るような力を受けている部分なので「引っ張りあて材」と呼ばれます。

傾斜地の広葉樹林は谷川へ傾いた樹幹を曲げて上方を直立させるために山

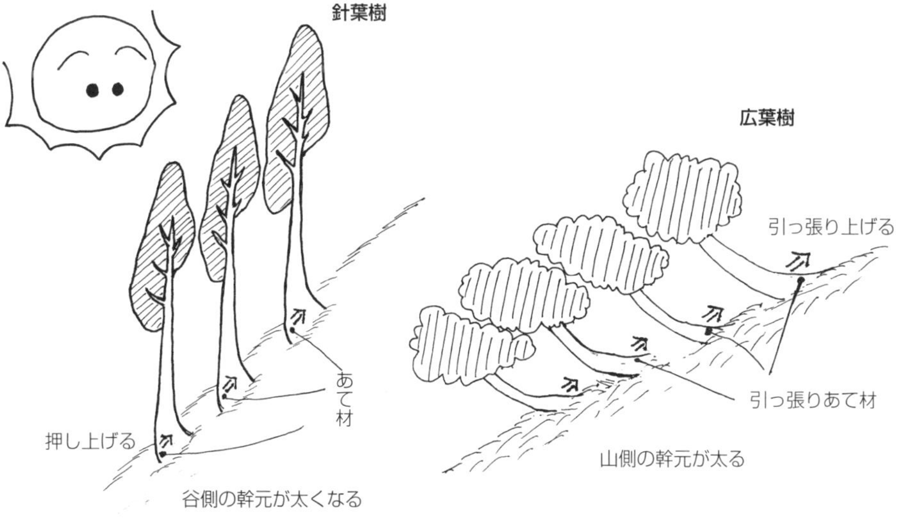

針葉樹
あて材
押し上げる
谷側の幹元が太くなる
広葉樹
引っ張り上げる
引っ張りあて材
山側の幹元が太る

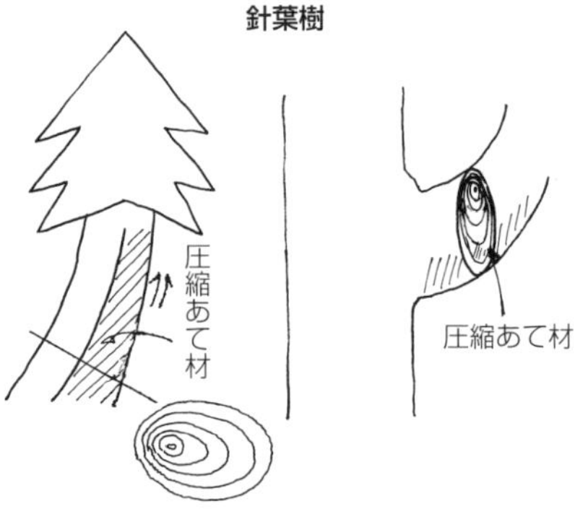
針葉樹
圧縮あて材
圧縮あて材

「圧縮あて材」は圧縮のかかる側の年輪幅が広くなる

広葉樹
引っ張りあて材
引っ張りあて材

「引っ張りあて材」は力のかかる反対側の年輪幅が広くなる

側にあて材を発達させ、山側に強い根を伸ばします。広葉樹の引っ張りあて材はセルロースが長く太く、伸びようとする部分を、引っ張るように支えています。引っ張りあて材では、個々の細胞は軸方向にちぢもうとしているので、切られると材は収縮します。

あて材は、幹や大枝が傾いたときばかりでなく、幹が枝を支える部分でも形成されます。また、幹がねじれていると、傾きの側面でも形成されます。

あて材は、用材としてはくるいやすく、異常材として嫌われています。あて材を乾燥させると、反ったり割れたりしやすいからです。

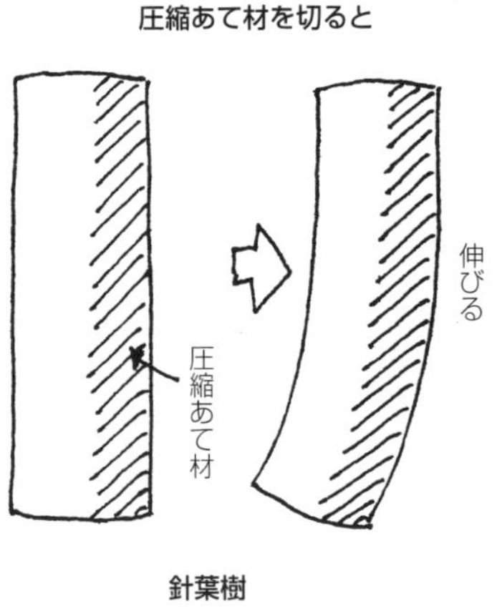
圧縮あて材を切ると
圧縮あて材
伸びる
針葉樹

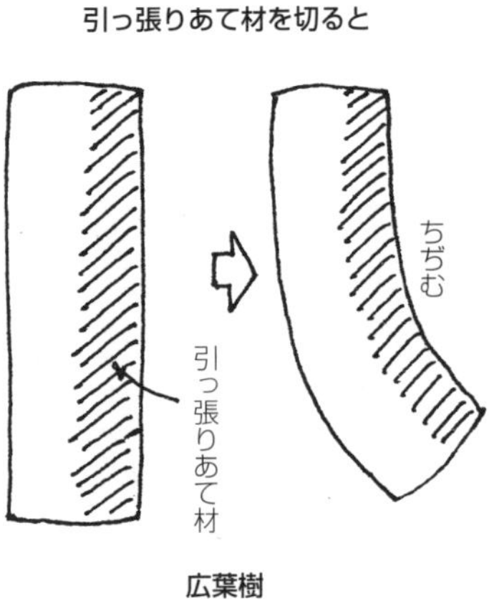
引っ張りあて材を切ると
引っ張りあて材
ちぢむ
広葉樹

養水分の吸収と光合成産物の転流

養水分の吸収と光合成産物の転流 1

水を吸い上げるしくみと蒸散機能

現在、正確に調べられている木で最も背が高いのは、アメリカのカリフォルニア州モンゴメリー州立保護区にあるメンドシオツリーという名の木です。樹種はセコイア・センペルビレンスで、1998年9月に測られたときは樹高112mありました。では、このような高さまで水はどうやって上がっていくのでしょう。

水を吸い上げる力はなに？

①水分子の凝集力

水の分子は、とても強い力で結びついています。細い管の中に水が詰まっているときは、この水の柱を引きちぎるにはとても強い力が必要です。木を傷つけると、根から葉へとつながっている長く細い管に空気を入れることになります。ごくわずかでも空気が入ってしまえば、水を吸い上げる力が途切れてしまいます。

サイホンは、この水分子の凝集力の原理を利用しています。細いチューブ

樹高112mの木がどうやって水を上げるの？

で始めだけ水を吸えば、あとは自動的に流れ出します。チューブに穴があいて空気が入ると水は流れません。

生け花でも、生ける前に茎を水の中で切る「水切り」を行ないますが、これも水を吸い上げる組織の道管に空気を入れないためです。

②葉と大気の間の水蒸気圧の差

晴れて気温が高く湿度の低い日は、葉と大気の間の水蒸気圧の差が大きくなり、大気は猛烈に水蒸気圧の高い葉から水を引っ張ります。大気は湿度が低く乾燥していると、葉から水を引き上げる力が強くなります。よく晴れた日、皿に水を張って外に置いておき、しばらく経ってから見ると皿の水はなくなっています。これは大気が水を吸い取ったのです。

高い樹木の一番上まで水が上がることができるのは、この大気が水を引っ張る力と、細い管の中では水の柱が切れにくい水分子の凝集力が合わさって働くからだと考えられています。この力は、根が水を吸収しようとする力にもなります。根の水分吸収力のほとんどは、この水分子の凝集力と、大気と葉の間の水蒸気圧の差だと考えられています。

サイホンの原理

細いチューブで始めだけ
水を吸えば自動的に水の
凝集力で流れ出す

花の「水切り」も道管に空気
を入れないための工夫
傷つき道管に空気が入ると凝集力がとぎれる

この力でどれぐらいの高さまで水を上げられるかは、条件によってかなり異なりますが、理論的には400 mから2000mの範囲と考えられています。

③浸透圧と毛管現象

土壌中の水分は、各種のミネラルやチッソを溶かしていますが、土壌溶液の濃度はとても薄いので、普通は根の細胞のほうが濃度の高い溶液となっています。細胞の中と外の間の糖分や塩基の濃度差により浸透圧が働いて、細胞の中に水分を引き込みます。

しかし、浸透圧だけでは土壌中の水に含まれたミネラルやチッソを吸収することはできず、水も十分には吸収できません。

根に吸収された水分が木部を上昇する力のひとつとして、毛管現象もあります。ガーゼに水をひたすと、濡れた部分がどんどん広がります。これを毛管現象といいます。浸透圧と毛管現象は、水を上昇させる役割を果たしていますが、力は弱く、せいぜい数メートルほどしか上げることができません。

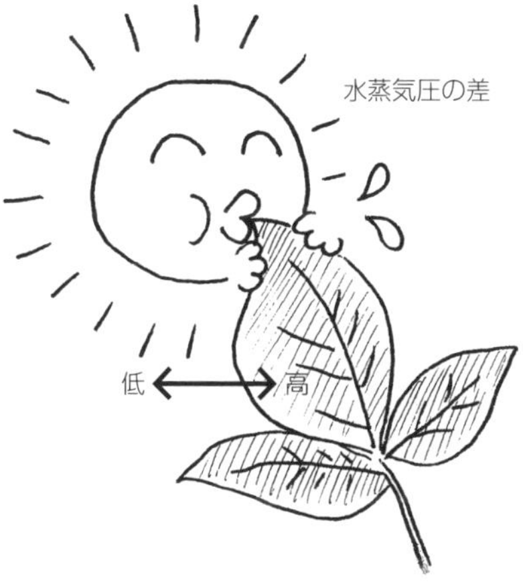
水蒸気圧の差
低
高

大気が水を吸い上げている

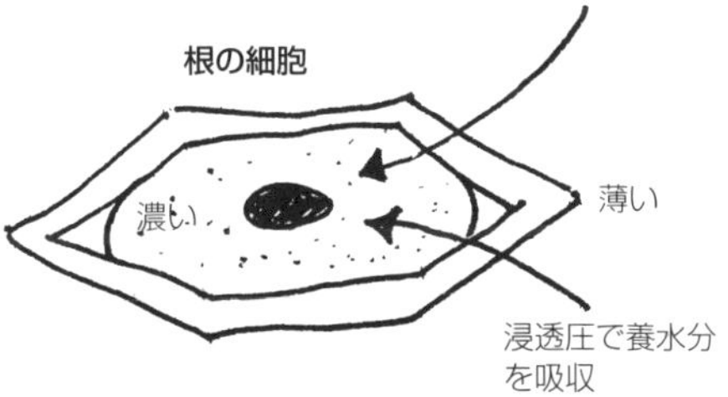
根の細胞
濃い
薄い
浸透圧で養水分を吸収

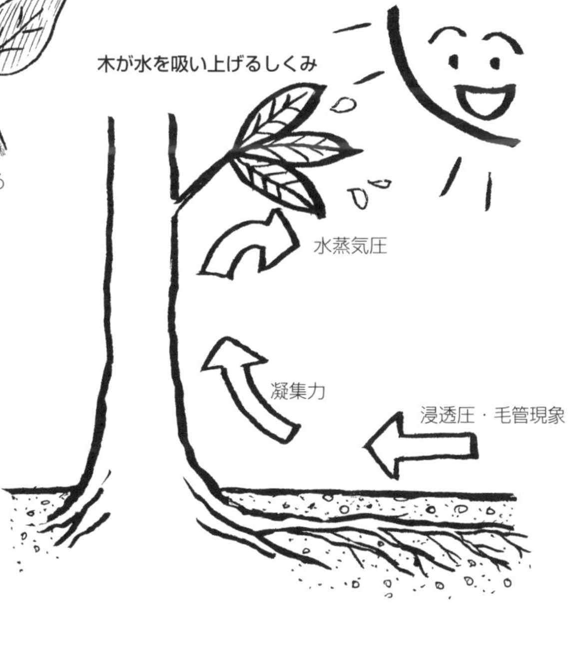
木が水を吸い上げるしくみ
水蒸気圧
凝集力
浸透圧・毛管現象

聴診器では聞けない水音

聞こえるのは
水を吸い上げる音ではない

早春の森で木が水を吸い上げる音を聴診器で聞くということが一時期はやりました。寒い地方のシラカンバなどでは厳寒期、柔細胞が凍結して死んでしまうを防ぐために細胞内の水分を少なくして糖濃度を上げています（97ページ参照）。春になって細胞の外の氷がとけると、まだ葉が開いていないうちに根は水を吸収し始め、再び柔細胞内の水分は増えていきます。でも、それは音がするほどの速さではありません。

普通の日本の公園樹木では、水を吸い上げる速さは、葉がよく茂った夏のよく晴れた日の午前中が最も速いのですが、それでも1時間に数10センチがせいぜいです（モミの枝で1時間に116cm、熱帯樹木で数メートルという測定例もあります）。少しでも土壌条件が悪かったり曇っていたり、あるいは樹勢が衰えていたりすると数センチしか移動しません。そのうえ水は0.1㎜よりも細い管を通っているのですから、聴診器では水の流れる音は聞こえません。

たぶん、聞こえているのは風で枝がしなったり幹が揺れたりする音と、木がアンテナとしてひろった遠くの音でしょう。

遠くの音を
ひろったのでは

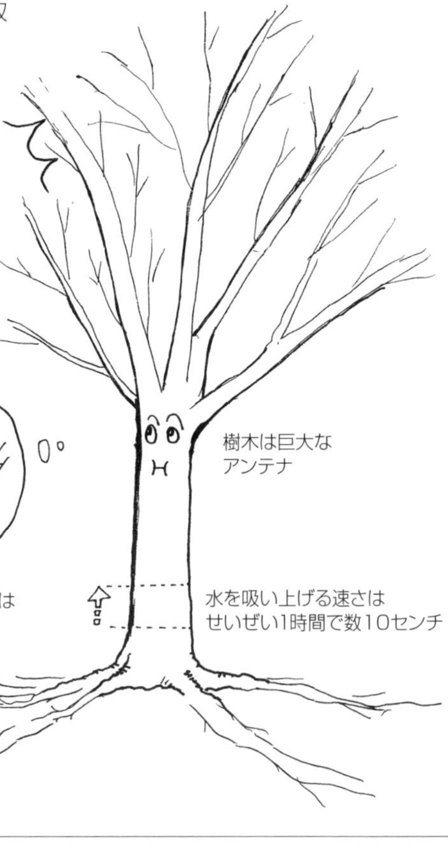
樹木は巨大な
アンテナ
水を吸い上げる速さは
せいぜい1時間で数10センチ

水を葉から蒸散する木のねらい

根から吸った水分は、ほとんど葉から放出されます。光合成に使われる水は樹木が消費する水の１％以下で、ほとんどを葉の気孔から放出しています。その理由は水が葉から蒸散するときの気化熱で葉面を冷やしているからだと考えられます。夏の暑い日、木陰で涼んだことのある人は、それを実感できるでしょう。木も風通しを良くしないと暑いだろうとばっさり枝を切る人がいますが、せっかく体を冷やしてくれる葉を少なくすると、逆に木も暑さにまいってしまうことになります。

また、光合成やその他の生理作用にはたくさんのチッソやミネラルなどの肥料成分が必要ですが、土壌溶液中の肥料成分はとても少ないので、十分な肥料成分を集めるには膨大な量の水を吸収する必要があります。水が葉から蒸散するとき、水に溶けていた肥料成分は蒸発せずに葉に残るので、必要な量の肥料成分を得ることができるのです。

蒸散量も保水量も多くする森林

森林は水を豊かにするといわれ、水源涵養林という制度もありますが、樹木があるのとないのとで、どちらが河川に流れ込む水量が多くなるかというと、樹木がないほうが多くなります。樹木があると、土壌中から根が盛んに水を吸収して蒸散させるので、土の中はかえって乾きます。また、少しの雨だと葉に付着して、地表面に届きません。河川の水の量は、森林がないほうが、総量が多くなります。

しかし、樹木がないと、地表の土は削られ土砂が河川に流れ込み、また、降ったあとただちに流れ去ってしまいます。森林は水を増やしているのではなく、水の質を良好に保ち、また一度に河川に流れ込まないように調節しているのです。この森林の水源涵養機能は、土壌の腐植層の豊かさと深い関係があります。

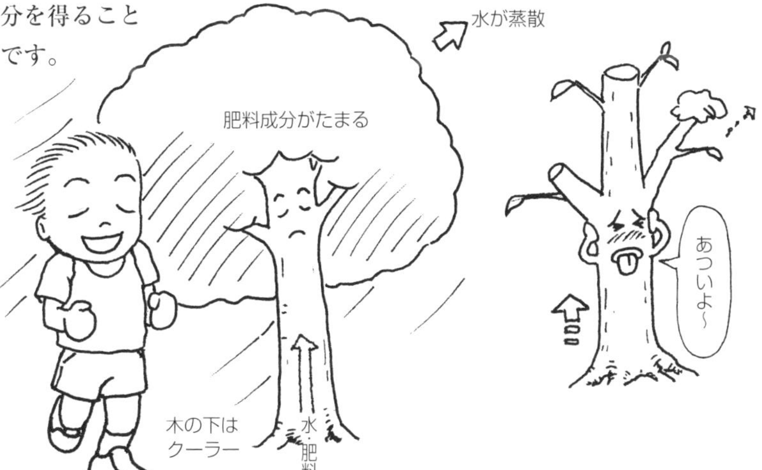

木陰が涼しいのは、葉の蒸散で気化熱を奪っているから

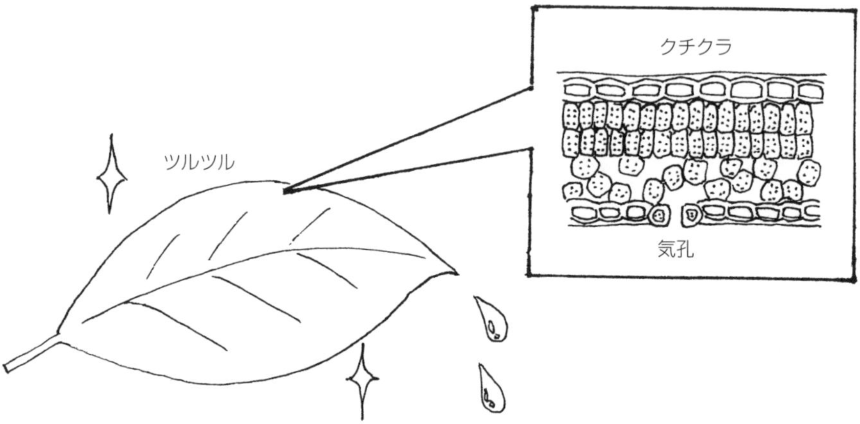

光が当たると反射するから照葉樹

常緑広葉樹の葉がつややかなのはなぜ？

ツバキ、カシ、シイなどの常緑広葉樹は照葉樹ともいわれますが、これは葉に光が当たるとキラキラと反射するからです。葉の表面には、クチクラというろう状の物質のクチンでできた表皮層があります。この層は、葉の表面からの水の蒸散を防ぎます。また、外からの汚染物質の流入や病害虫の侵入を防ぐ役割を果たしています。

クチクラは乾燥した所に生える植物ほど発達しています。日本は雨が多いので、クチクラの厚さはそんなに厚くありませんが、雨に濡れても水が中にしみこんだり、葉中のカリウムなどの養分が流れ去らないように、クチクラの表面をなめらかにして濡れにくくしています。

葉を濡れにくくしているのは、雪が降ることと深い関係があります。日本の雪は湿っていることが多いので、よく葉に付着します。そして夜間、気温が下がると凍ります。雪が凍るときに葉の中にまで水がつながっていると、葉の中の水まで凍ってしまい、組織が破壊されてしまいます。照葉樹のクチクラ層はそれを防ぎ、雪が降っても葉が凍らないようにしているのです。

これに対して、オリーブやゲッケイジュなどの地中海地方に生える常緑広葉樹は、硬葉樹といわれています。地中海地方は雨がとても少ないので、硬葉樹はクチクラを厚くして葉からの水分の蒸散を防いでいますが、クチクラの表面は凹凸が激しくなっています。これには、雨が降ったときに葉を濡れやすくして、葉の表面から水分を少しでも吸収したり、水分が蒸発するまでの間、大気の乾きをやわらげたり、葉面を冷やしたりする働きがあると考えられます。

糖をつくる 光合成

葉の中の水に二酸化炭素を溶かして吸収

葉の上面（表側）の表皮は、クチクラが発達して水分の蒸散を防いでいます。下面（裏側）の表皮には気孔があり、空気や水分の出入り口になっています。針葉樹は葉の裏に気孔が線状に並び、気孔条《きこうじょう》あるいは気孔線という状態となっています。

植物は光のエネルギーを使って水を水素と酸素に分解し、水素と二酸化炭素を合成して糖をつくり、自らの生命活動の栄養としています。

表皮層のすぐ下にある柵状組織には葉緑体をもった細胞が整然と並んでいて、盛んに光合成をしています。その下の海綿状組織の細胞にも葉緑体がたくさんあり、盛んに光合成をしていますが、細胞は不規則に並び細胞間にはすき間があって、そこは水で満たされています。気孔から入ってきた二酸化炭素は、その水に溶け込んでから海綿状組織の細胞に吸収されます。呼吸作用で使う酸素も気孔から同じように取り入れられます。

〈葉の断面の構造〉

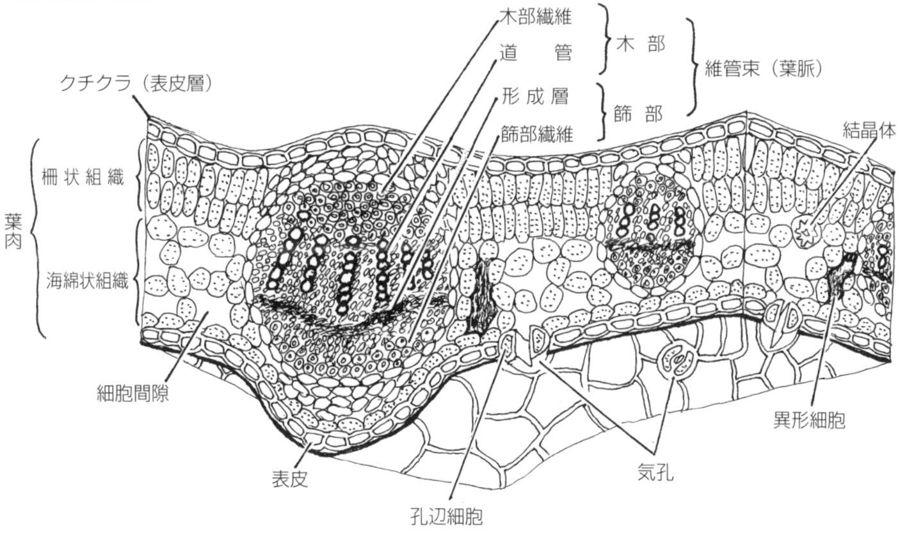

木部繊維
道 管
形成層
篩部繊維
木 部
篩 部
維管束（葉脈）
クチクラ（表皮層）
結晶体
柵状組織
葉肉
海綿状組織
細胞間隙
異形細胞
表皮
気孔
孔辺細胞

原図出典：植田利喜造編著（1983）植物構造図説、森北出版

葉っぱは健康のバロメーター

葉がたくさんあり日光を十分浴びている木は、エネルギーをたくさんつくることができます。葉が少ない木は生産できる糖が少ないために、生長もよくありません。木にとって葉を大量に取られることは大きなダメージとなります。ですから、枝をたくさん切られると、すぐに休眠芽を目覚めさせて葉を出そうとするのです。

木は自分の生活のために葉を出します。むだな葉は１枚もありません。幹や大枝から胴吹き枝を出し、根元からひこばえを出すのも必要にせまられて行なうのです。剪定は、人間の都合で行なうのであって、樹木の都合ではありません。

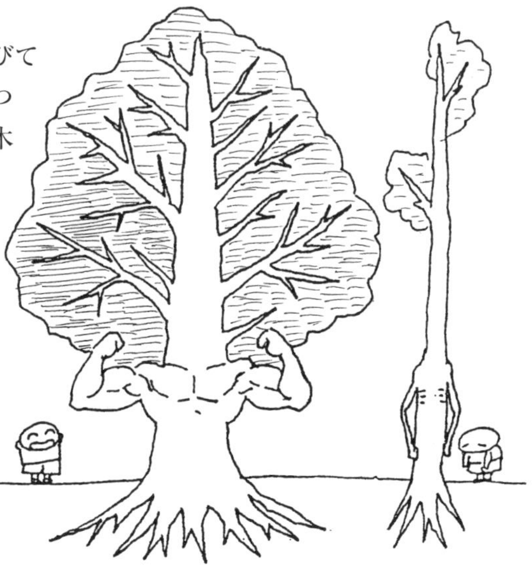

枝葉は健康のバロメーター

明け方から午前中に活発となる光合成

光合成を活発に行なうには、気孔を開き二酸化炭素を取り入れる必要がありますが、気孔が開けば蒸散で葉の水分も奪われていきます。葉に水分が不足すると光合成ができなくなり、ひどいときにはしおれてしまいます。葉はそうなる前に気孔を閉じて蒸散を抑制します。

盛夏季の雨天の日は大気の水蒸気圧

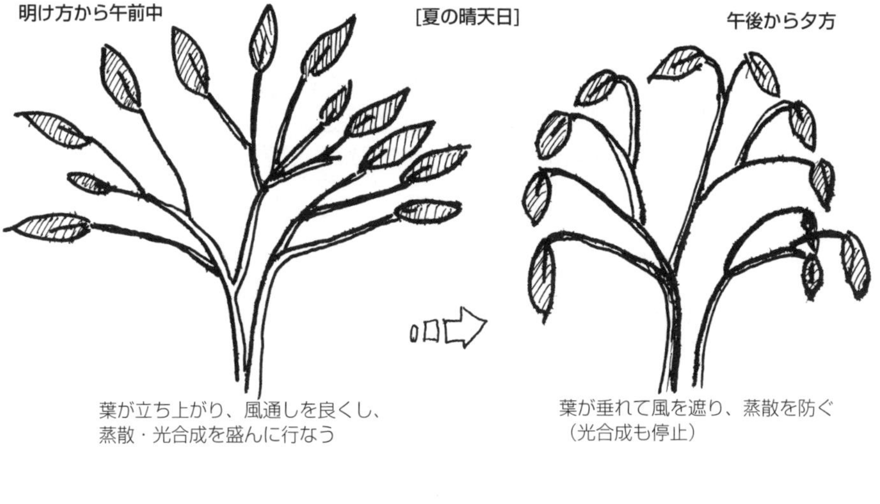
明け方から午前中
[夏の晴天日]
午後から夕方
葉が立ち上がり、風通しを良くし、
蒸散・光合成を盛んに行なう
葉が垂れて風を遮り、蒸散を防ぐ
（光合成も停止）

が高いので、気孔は昼間も開いていますが、晴れた日では光合成が盛んに行なわれるのは明け方から午前中です。樹木は太陽が上がる前後から、葉柄の細胞を膨張させて葉を起こし、光を十分に浴びようとしてきます。夏の暑い日中は気孔を閉じて蒸散を防ぐとともに、葉を垂れぎみにして気孔が多く分布する葉の裏面に風が当たらないようにし、また樹冠内の空気があまり動かないようにして蒸散を防ぎます。

幹でも行なう光合成

木は葉だけが光合成をしているのではありません。木をよく見てください。今年出た枝、まだ熟してない実、がく、すべて緑色です。緑色は葉緑体の色で、そこでは光合成を行なっています。

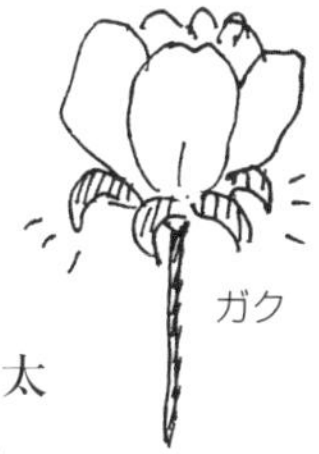

若い枝ばかりではありません。太い幹でも光合成をしています。樹皮が緑の木を探してみましょう。アオギリ、プラタナス、ナツツバキ、リョウブ、サルスベリ、カリン、ユーカリ、ウリハダカエデ…。クスノキも若い枝や幹は緑色の樹皮をしています。ナツツバキやサルスベリのように一見すると緑色に見えなくても、樹皮がよくはがれて薄い木は内樹皮に葉緑体をもっています。少し皮を削ってみてください。そうすると薄い緑色が現われます。

ユーカリの樹皮がはがれて垂れ下がっているのは、コルク質がたまって固くなった樹皮が幹の肥大生長によって縦に裂け、裂けた皮は乾燥すると、外側よりも内側の収縮率が大きいので、内側が急激に収縮して巻くようにはがれるからです。ユーカリは、樹皮が厚くなると光合成が十分にできなくなるので、自らひんぱんにはがしているのです。

ケヤキは太くなるとまだら状に樹皮がはがれます。はがれたばかりの所を少し削ると、中は薄いクリーム色ですが、何日かしてもう一度削ってみると緑色になっています。

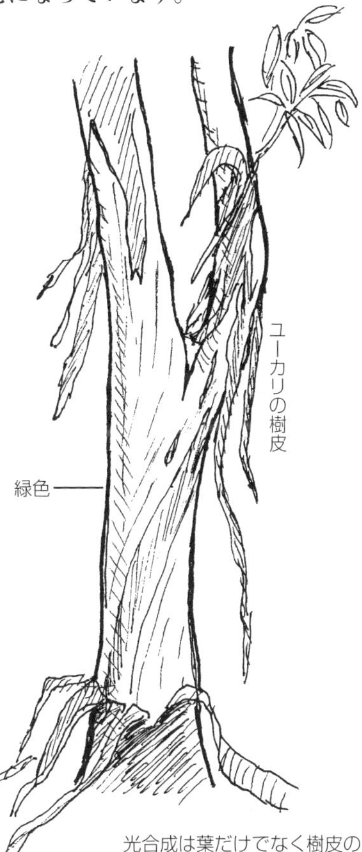

光合成は葉だけでなく樹皮のほぼ全部で行なう

このように樹皮でも光合成する木のほとんどは、外樹皮をひんぱんにはがしてコルクを厚くしません。また、幹で光合成をするには二酸化炭素を取り入れなければなりませんが、そのために空気の取り入れ口である*皮目《ひもく》をたくさん樹皮の表面に用意しています。

反対にクヌギやアベマキ、あるいはクロマツ、スギのようにコルク層をとても厚くする樹種もあります。このような木は幹ではもう光合成をしていませんが、その代わり厚いコルク層が体を防御しています。

陽樹と陰樹の違い

どんな木も日光は大好きです。どんな人でも食べ物は好きですが、小食な人と大食いな人がいるように、木にもたくさんの日光を必要とする樹種とあまり必要としない樹種があります。

マツなどは日光が大好きです。マツのような木は日当たりが悪いと生きていけません。このような性質の木を陽樹といいます。

林冠が発達した林内では、外よりも光の量が10分の１以下になっていますが、このような所でも生活できる木があります。アオキやヤツデは、照葉樹林の暗い林内でも平気で生活していますが、このような性質の木を陰樹といいます。

カシ類やシイノキも陰樹で暗い森の中でも生活できますが、だんだん大きくなってほかの木よりも上に枝葉を

どんな木も日光は大好き
ただ小食と大食いの違いがあるだけ

アオキは暗い林内でも平気

マツは日当たりが悪いと
生きられない

【皮目】樹皮上に形成される呼吸のための通気孔。コルク組織が特殊な発達のしかたをしていて、空気は通るけれども、微生物はほとんど通り抜けないようになっている。

カシやシイノキは陰樹から陽樹に変身

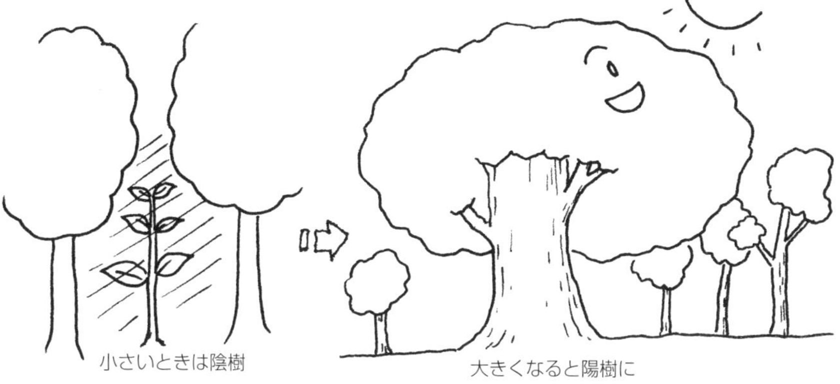
小さいときは陰樹
大きくなると陽樹に

伸ばすようになると、陽樹に変わります。大木になる木は、基本的には陽樹なのです。

根は酸素の溶け込んだ水を吸って呼吸する

根が生活するには、とてもたくさんの酸素が必要ですが、葉のような気孔はありません。幹や枝にはたくさんある皮目も、根ではとても少なくなります。

水や肥料成分を吸収する細い根（白いひげ根）の表面は、常に粘液で濡れています。その粘液の中に溶け込んだ酸素が、水の吸収とともに体の中に取り込まれるのです。

このほか、浅い所の太い根や幹にある皮目から吸収された酸素が、皮層通気組織という通気孔を通って深い所の根に送り込まれています。

イネやヨシの根は中空になっていますが、これは空気の少ない水の中でも呼吸できるように地上部から大量の空気を送り込んでいるのです。

呼吸で排出された二酸化炭素は、カエルの皮膚呼吸と同様に、根の表面の薄い水に溶けて土の中に放出されますが、一部は通導組織によって葉に送られ、そこで糖生産に利用されます。

〈酸素の取り入れ口〉

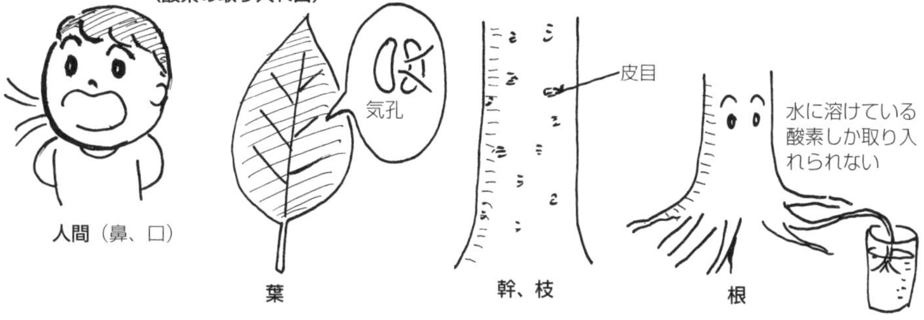
人間（鼻、口）
気孔
葉
皮目
幹、枝
水に溶けている酸素しか取り入れられない
根

雨水や空気
の流入で酸
素供給
O_2
CO_2
CO_2
土の中では、根以外
にもたくさんの生物
が呼吸しているので
CO_2がいっぱい。
酸欠になりやすい

水はけが悪いと酸素欠乏

土壌中にはたくさん生物がいて、それがみな呼吸をして二酸化炭素を出しています。また、有機物が分解されるときも、たくさんの二酸化炭素が出てきます。この二酸化炭素の濃度は、土壌中の空気のほうが大気中よりも10倍から100倍も濃いのですが、100倍も濃くなると根は呼吸できなくなって死んでしまいます。

土の中に深くもぐった根が生きていられるのは、雨水などが土中深くに浸透すると、土中の過剰な二酸化炭素が水に溶けて取り除かれ、水が引いたあとに新鮮な空気が入ってくるからです。ですから、土の通気透水性は根が生きていくうえでとても重要です。

たっぷり灌水すれば空気も入れ替わる
新しい空気
CO_2
CO_2

水やりよりも酸素やり

水はけが悪いと土中の酸素は少なくなり、根が酸欠で枯死し根腐れを起こしてしまいます。水はけが良くないと根は土中深くまで伸びていけません。酸素不足になると、根は地表近くに多く張るようになります（47、144ページ参照）。

河畔に育ち水の中に根を張っているヤナギの根は、流れてくる水の中に含まれている酸素を水と一緒に吸収して利用しているのです。ヤナギ類は皮層通気組織がとくに発達していますが、それだけでは不十分なので、水がよどんで水中の酸素が少なくなるとヤナギも生育が苦しくなります。

流れる水には酸素が
いっぱい

糖の転流と養分蓄積

糖の転流と養分蓄積 1

枝は 独立採算性

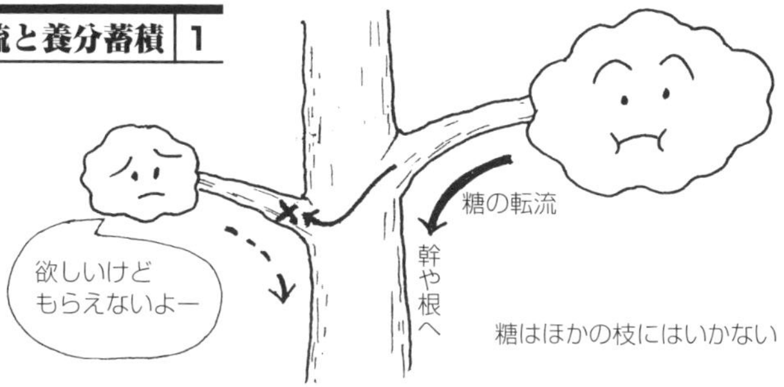
欲しいけど
もらえないよー
糖の転流
幹や根へ
糖はほかの枝にはいかない

枝から枝へは糖は流れない

葉でつくられた糖は、枝から別の枝に流れることはありません。枝はその枝の葉でつくられる糖で生きているのです。枝でつくられた糖は、新葉が展開するときや花、果実を充実させるときには上のほうに流れることがありますが、その距離はあまり長くありません。基本的には、その枝から下の幹や根に運ばれ、幹や根のエネルギー源となります。そのため大きな枝をたくさん切り落とすと、たくさんの根が傷みます。

枝の下の幹のくぼみはなぜできる？

枝の下にできる幹のくぼみは、枝が病気にかかったり日陰になったりして生長が悪くなったときにできます。

枝が弱ると、その枝の下の部分に枝から送られる栄養が少なくなってきます。枝を支えるブランチカラーは、幹が張り出した部分なので幹から糖をもらって生長しており、盛んに生長しますが、枝の真下の部分は、枝からの糖の供給を受けて生長していたところなので、その部分は生長が遅くなりくぼんだようになります。

枝下にくぼみができるわけ

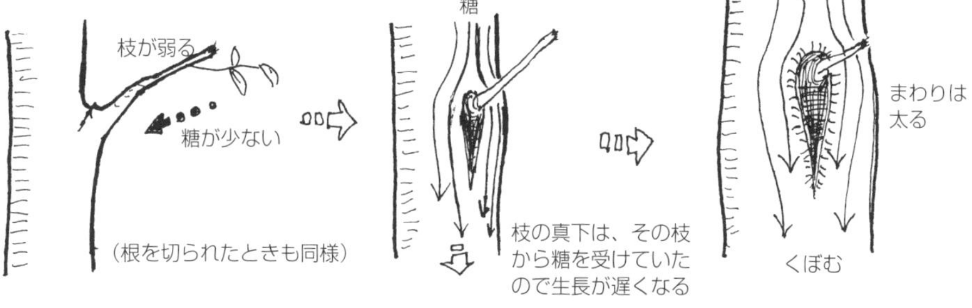
枝が弱る
糖が少ない
（根を切られたときも同様）
糖
枝の真下は、その枝から糖を受けていたので生長が遅くなる
まわりは太る
くぼむ

葉の少ない枝を強剪定すると残された部分は枯れやすい

長く伸びて枝先に少しの葉しかついていない枝を強く切り戻した場合、残された部分の休眠芽が芽吹かず枯れることがあります。これは残された枝の部分のエネルギーの貯蔵が少ないからです。枝は独立採算性で、枝に糖の貯えがないと休眠芽も伸びることができません。

日陰になった
弱った枝
枯れる

枝は独立採算性。貯えが少ない枝を切ると枯れることがある

糖の貯金を使い果たす夏

春から梅雨までは散財し、秋にはがっちり貯金

木は春、暖かくなると、発芽をして葉を広げますが、そのエネルギーは秋から初冬にかけてためこんだ糖が使われます。そして梅雨時期まではどんどん生長して葉をたくさん広げますが、そこでつくられた糖もすぐに生長に使ってしまうため、6、7月ころには体の中の貯蔵エネルギーは最低になります。初夏から梅雨までの時期は葉が青々と茂り元気そうに見えますが、幹や根に貯えられたエネルギー量はかえって少ないのです。

この時期に枝や葉が強く切られると胴吹き枝を出したり、傷から病原菌が入るのを防ぐ防御層をつくるためのエ

〈木の年間のエネルギー収支〉

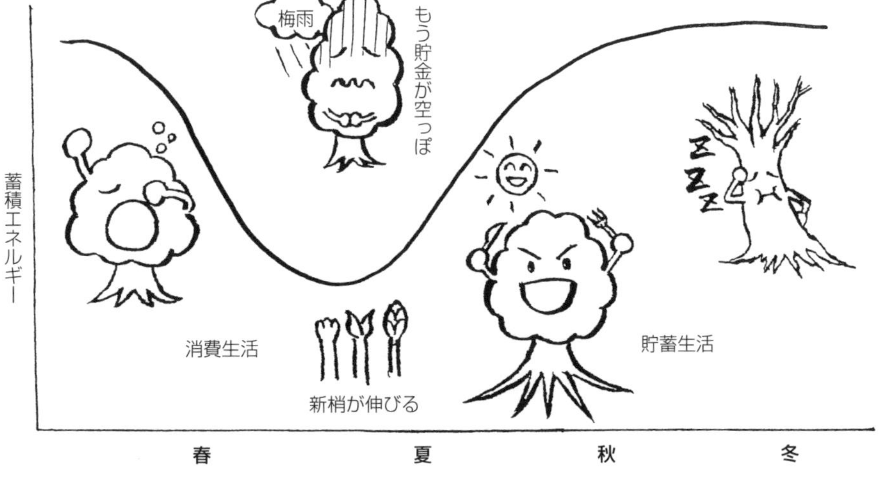
梅雨
もう貯金が空っぽ
蓄積エネルギー
消費生活
新梢が伸びる
貯蓄生活
春
夏
秋
冬

ネルギーが足りず、樹木はひどく傷みます。

真夏の最も乾いた時期がくると、樹木は見かけの生長を遅くしますが、光合成は盛んにしており、そのエネルギーで根を生長させ、たくさんの水を吸収します。夏も終わりから秋にかけて樹木は再び猛烈な勢いで体内に糖をためこみ、厳しい冬にそなえるのです。

どこに貯蔵養分をためているのか

木の貯蔵養分は、幹・根・大枝・小枝・冬芽のそれぞれの生きた細胞に貯えられます。幹では主に篩部組織の柔細胞と辺材中の放射組織の柔細胞に貯えられます。とくに樹皮に貯えられる量は多く、冬の樹皮は甘いので周皮の内側の篩部を甘皮《あまかわ》ということがあります。

形成層も生きた細胞ですが、普通、糖の貯蔵はしません。

幹や枝の糖の貯蔵はどこに?

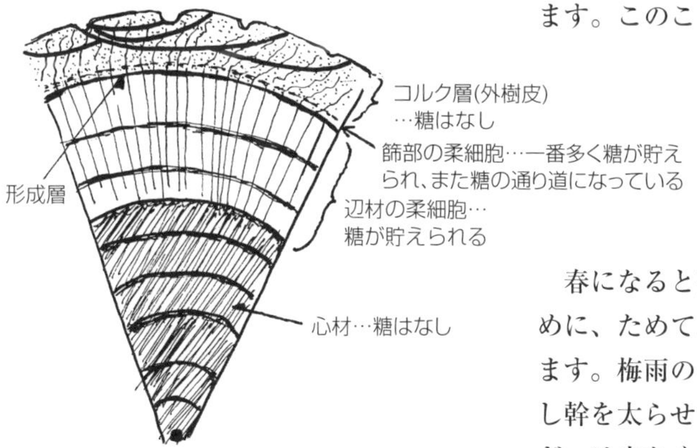
コルク層(外樹皮)
…糖はなし
篩部の柔細胞…一番多く糖が貯えられ、また糖の通り道になっている
形成層
辺材の柔細胞…
糖が貯えられる
心材…糖はなし

ムシャムシャ
冬の樹皮は甘い

冬から早春に甘皮をはいで食べるシカやサル

サルやシカによる林木の樹皮の食害がよく問題となりますが、木は夏の間に光合成でつくったエネルギーを春から夏までは生長のために使い、秋からは越冬のために体にためこみます。冬は生長をやめ、寒さにじっと耐えています。このころは、ほかに食べ物がないということもありますが、樹皮が最もおいしい時期なので動物が喜んで皮を食べるのです。

春になると芽を吹き、枝を伸ばすために、ためておいたエネルギーを使います。梅雨のころはどんどん枝を伸ばし幹を太らせるので貯えられたエネルギーは少なく、樹皮も渋くてまずい時期です。

落葉で葉を更新する

落葉で葉を更新する｜1

秋に落葉し 完全休眠する落葉広葉樹

葉を落とし寒さに耐える落葉樹

落葉樹は、その年の秋に全部の葉を落とし、翌年新しく出し直します。カシワやクヌギのように、新葉が伸びる直前まで枯れ葉を落とさずにいるものもあります。

ではなぜ落葉樹は秋に葉を落とすのでしょう。それは、葉をつけたままでは冬の寒さに耐えられないからです。落葉樹は常緑広葉樹よりも寒い地方に適応した形なのです。寒い地方では、冬に葉をつけていると葉が凍結して枯れてしまう恐れがあります。そこで完全に休眠する方法を選んだのです。

葉を落とさないと
凍っちゃうー

カシワやクヌギはなぜ枯れ葉がいつまでもついているか

カシワやクヌギが冬でも枯れ葉をつけているのは、葉を落とすための離層がなかなか発達しないからです。

離層とは落葉前に葉柄と枝の境にできる特殊な組織です。離層は大部分柔細胞からなり、それまで養水分が通っていた篩管や道管が遮断されるので、維管束は仮道管のみとなります。

落葉は加水分解酵素が働いて離層細胞壁、あるいは細胞壁中層が分解されることによっておきます。葉が落ちた跡の離層にはコルク層ができて、病原菌の侵入を防ぎます。

暖かい地方では冬でもそう寒くならないので、冬でも葉がついたままの常緑樹が多いのですが、常緑樹も毎年葉を落とします。

クヌギやカシワでは離層がなかなか形成されず、枯れた葉が冬の間もついたままになっていますが、春、芽がふくらむ直前に離層が完成して枯れ葉が落ちます。カシワやクヌギは常緑樹のカシ類に近い種類なので、常緑樹の性質がまだ残っていて、葉を落とすことが上手ではないのではないかと考えられています。でも実はわざと葉を落とさないことで枯れ葉を風よけにして、

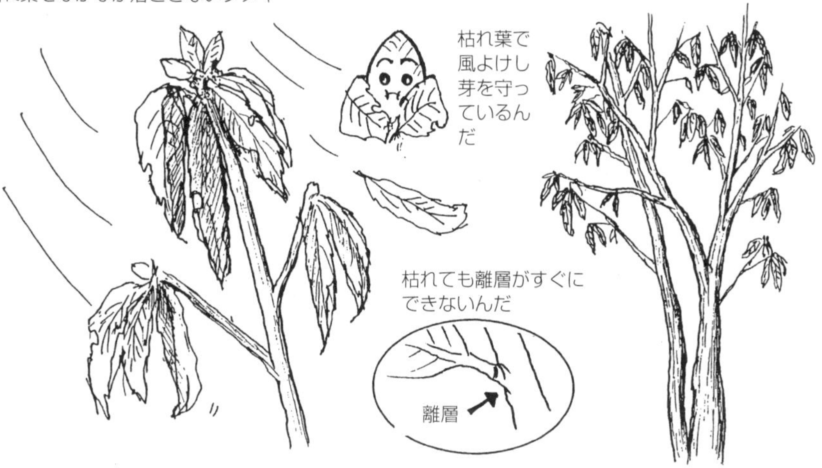
枯れ葉で
風よけし
芽を守っ
ているんだ
枯れても離層がすぐに
できないんだ
離層

枯れ葉をなかなか落とさないクヌギ

枝の中の小さな冬芽を寒さから守っているのではないでしょうか。

このように落葉樹なのに冬でも葉を落とさない現象は、かなり多くの樹種で見られます。ケヤキ、マンサク、コナラなども、時々枯れ葉をつけたまま冬を越します。シュロは葉が枯れても離層が形成されず、枯れ葉を何年もつけています。

照明のそばの街路樹はなぜ冬でも葉をつけているか

樹木は普通、冬至から夏至まではだんだん日照時間が長くなる（正確には夜の時間が短くなる）ことに反応して芽をふくらませ、葉を広げ、枝を伸ばし、幹を太らせます。そして、夏至以降はだんだん日が短くなるのに反応して翌年の芽をつくったり、生長を抑えて糖を体の中に貯えたり、紅黄葉や落葉をしたりして冬越しの準備をします。この現象は温度とも関係があるので、年によって早くなったり遅くなったりします。

しかし、明るい照明灯のそばにある樹木は、夜の時間がいつまでも短いままなので落葉現象が起きず、秋になっても紅葉や黄葉をせず、気温がマイナス5℃になるまでは緑の葉を維持し続けます。このような葉をつけたままの枝は、冬の寒さに耐える力の弱いことがわかっています。この現象はプラタナス、ポプラ、ヤナギ、イチョウなどの街路樹でよく見られます。

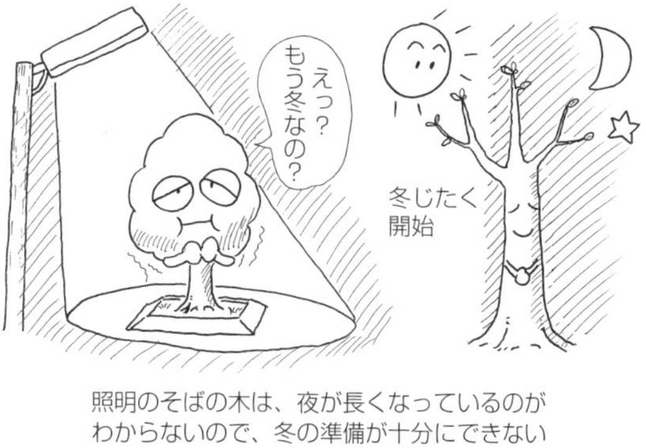
えっ？
もう冬なの？
冬じたく
開始

照明のそばの木は、夜が長くなっているのがわからないので、冬の準備が十分にできない

常緑広葉樹の落葉時期は樹種によって違う

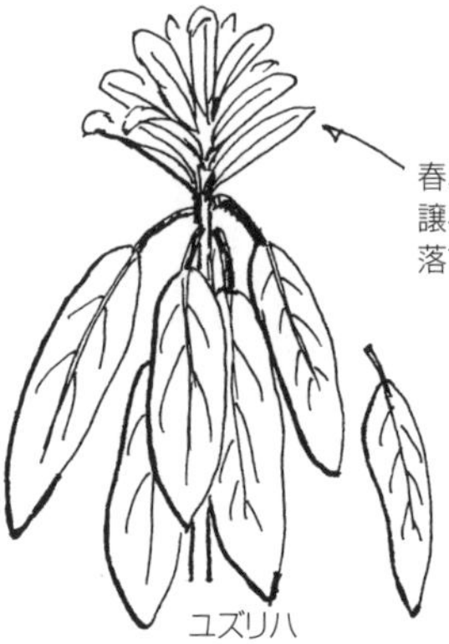
春、新葉が出ると
譲るように古葉が
落ちる
ユズリハ

常緑樹はいつ落葉するのか

暖地に多い常緑広葉樹は、冬の間も葉をつけていますが、わずかな光合成をするだけでほぼ休眠状態です。常緑樹は常に葉をつけていますが、毎年必ず葉を落とします。常緑広葉樹の落葉時期は、

- 翌年の春に新葉が出てから古い葉を落とすもの（クスノキやユズリハ）
- 翌年の秋に古い葉を落とすもの（クチナシなど）
- 3～4年間つけているもの（マテバシイなど）
- 5～6年つけているもの（タラヨウなど）

などがあります。

3〜4年は
使えるよ!
アカガシ
マテバシイ

クスノキはユズリハと同じように、新葉が展開してから前年の葉をすべて落としますが、まれに新葉が開く前に葉をすべて落としてしまうことがあります。それを見た人はクスノキが枯れたとびっくりしてしまいます。

今年は葉を落とし
てから出すことに
しました
クスノキ
クスノキ
枯れた!?

寒い地方では落葉樹に変わるキンモクセイ

常緑広葉樹も寒い地方へいくにつれて落葉樹に変わることがあります。常緑樹のキンモクセイも寒い地方に植えられると落葉樹になってしまいます。

シャクナゲやユキツバキ、アカミノイヌツゲ、エゾユズリハなどのような高い山にある常緑広葉樹は、冬の間、雪の中に埋まって越冬します。雪には空気がたくさん含まれていて断熱効果が高いので、厳しい寒さを防ぐことができます。

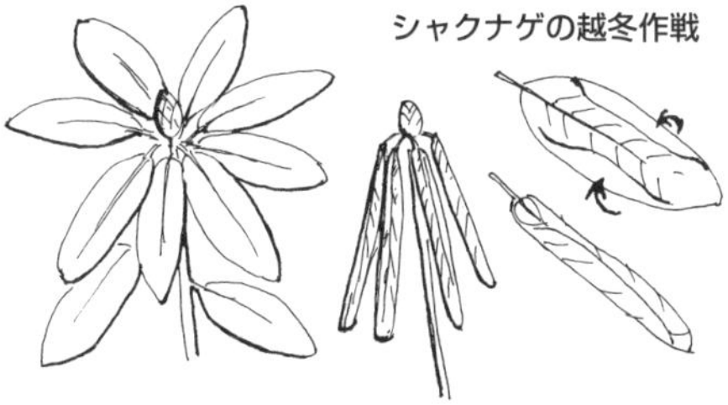
シャクナゲの越冬作戦

葉の水分を少なくして葉を巻いて、細胞内の糖濃度を高めて越冬（糖濃度が高くなると凍結しにくくなる）

雪布団をかぶっていると、暖かくて葉を落とさなくても冬を越せるんだ

寒さに強い針葉樹

細胞液の濃度を高めて凍結防止

エゾマツやトドマツなどの常緑針葉樹は冬でも葉をつけていますが、寒さに対して特別な耐性があります。それは冬を迎えるにあたって葉や枝、樹皮の細胞内の糖や樹脂の濃度を高め、細胞を凍りにくくするのです。

厳しい寒さがきて細胞の外の水が凍っても細胞内の水は凍りません。そして細胞の外の水が凍ると凍った部分の水蒸気圧が下がり、凍っていない細胞内の水蒸気圧は高いので、細胞内から外へ水が抜けていきます。そうすると細胞液はますます濃度が高くなり、ますます凍りにくくなります。細胞内が凍らなければ、針葉樹は生きていられます。

エゾマツやトドマツは寒い地方の短い夏に効率よく生長するために、暖かくなったらすぐに光合成を始められるように常緑でいるのです。

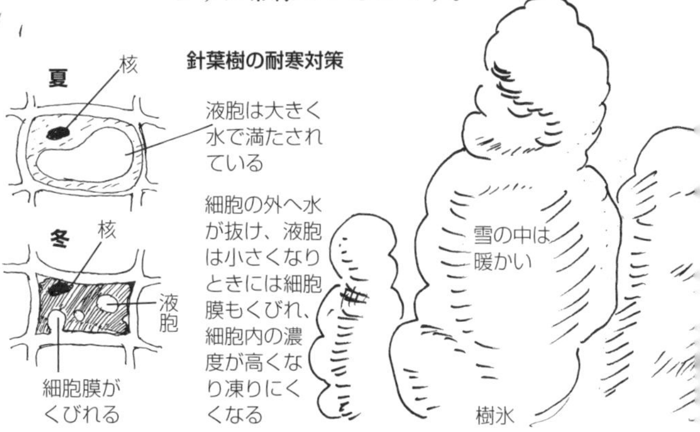
夏
核
液胞は大きく水で満たされている
冬
核
液胞
細胞膜がくびれる
細胞の外へ水が抜け、液胞は小さくなりときには細胞膜もくびれ、細胞内の濃度が高くなり凍りにくくなる
雪の中は暖かい
樹氷
針葉樹の耐寒対策

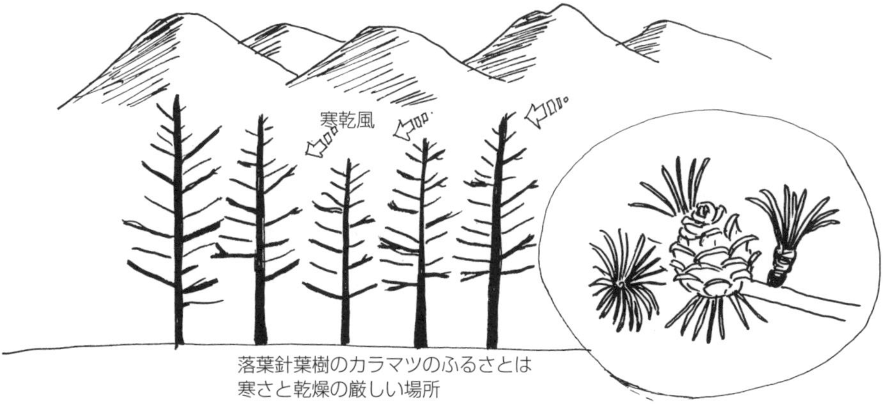
寒乾風
落葉針葉樹のカラマツのふるさとは
寒さと乾燥の厳しい場所

針葉樹の落葉は

針葉樹でもカラマツの仲間は、冬に落葉しますが、カラマツが天然に分布するのは冬に厳しい寒乾風が吹く雪の少ない地方です。

日本では長野県の佐久地方、軽井沢、山梨県西部の八ヶ岳山麓、富士山などです。このような寒乾風には、エゾマツやトドマツも耐えることができません。カラマツは、冬に葉を落とすことで乾燥に耐えているのです。

極東シベリアは世界で最も冬の寒さと乾燥が厳しい地方ですが、そこにはダフリアカラマツが生育しています。

落葉で葉を更新する　4

木の冬じたく

枯れたようなスギの葉はなぜ

冬、スギの葉が暗赤褐色に変化するのは、冬になると葉の中の緑色の葉緑素が分解して少なくなり、それまでかくれていたカロチノイドの一種のロドキサンチンという色素の赤味が現われてくるからです。でも本当に枯れてしまった木も冬の間はこのような色をしているので、冬の間は生きているのかいないのかを見分けることは、なかなか難しいのです。

枯れていなければ、春になるとまた葉緑素が増えて緑色が戻ってきます。

葉の色が変わっているよ
枯れてるの？
冬に暗赤褐色に
なったスギ

どうやって紅葉するの？

紅黄葉のしくみ

落葉広葉樹の葉が秋になると美しく紅葉するのはなぜでしょう。秋になると葉の中のミネラルは多くが茎のほうへ回収されますが、葉緑体の中のクロロフィルやタンパク質が分解されてできるアミノ酸と、葉に残っている糖分は、葉柄の基部に離層ができ始めると移動が阻止され、葉に蓄積されます。この糖分にアミノ酸が加わってアントシアンの一種のクリサンテミンという色素が形成されるため、紅葉するのです。

黄葉は、もともと葉に含まれていて葉緑素の色に隠されていたカロチノイドの一種のキサントフィル類の黄色が、クロロフィルの分解・消失とともに目に見えるようになるためにおきます。

紅葉とも黄葉とも異なる変化が、ブナ、コナラ、クヌギ、ケヤキなどの葉で生じます。これらの樹種は褐葉という状態になります。褐葉は、葉の中の物質が分解するときにタンニン類が酸化されてフェノールの一種のフロバフェンという赤褐色の物質に変化するために起こります。

紅葉・黄葉のしくみ

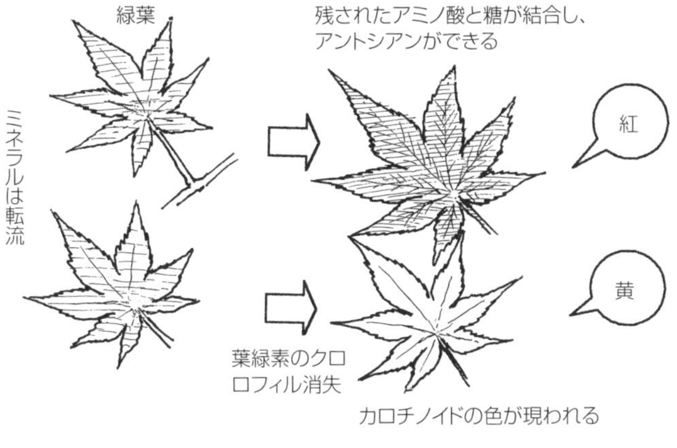
緑葉
残されたアミノ酸と糖が結合し、アントシアンができる
ミネラルは転流
紅
黄
葉緑素のクロロフィル消失
カロチノイドの色が現われる

日がよく当たり気温や湿度の変化が大きい部分は早く紅黄葉する

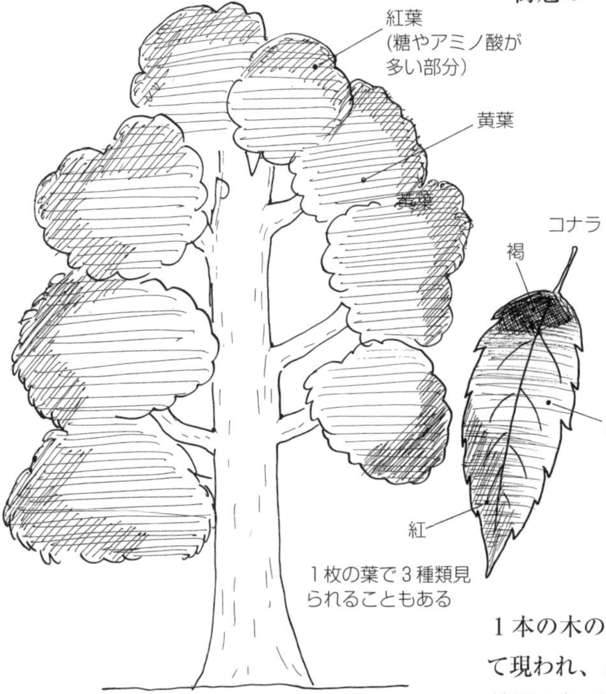

１枚の葉で３種類見られることもある

年によって紅葉の美しさが違うのはなぜか

紅葉は夏から初秋にかけて良い天気が続き、秋に急に冷え込むようなときに美しい紅葉が見られます。夏や初秋に雨が多いと、葉中の糖濃度が低いので、あまりきれいな紅葉にはなりません。また、夏に乾燥し過ぎたり、虫に葉を食べられたりした年も、あまりきれいな紅葉とはなりません。

同じ木でも紅葉、黄葉、褐葉と色の変化があるのはなぜ？

落葉樹の紅葉や黄葉は、同じ木でも葉の位置によって色の変わり方や時期が異なります。

樹冠の一番上の常に日がよく当たり気温や湿度の変化が大きいところにある葉は、早く紅黄葉して落葉も早くなります。下枝や中枝のように陰になっている所の葉は気温や湿度の変化が小さいので、紅黄葉の時期が遅れ、また鮮やかさもたりません。蓄積されている糖やアミノ酸の量も異なります。日照の多い所の葉ほどたくさんの糖やアミノ酸をもっています。

クヌギやコナラでは１本の木の中で紅葉､黄葉､褐葉がすべて現われ、ときには１枚の葉の中で３種類の色が見られます。

冬芽の防衛機能

樹木は寒い冬を越すため、さまざまな工夫をして芽を保護しています。

普通の葉より著しく小さくなって、光合成をほとんど行なわなくなった葉を鱗片葉《りんぺんよう》といいますが、とくに鱗片葉が芽を覆ったときを芽鱗《がりん》といいます。また、このような芽を有鱗芽《ゆうりんが》といいます。芽鱗は、芽を寒さや乾燥から守る重要な働きをしています。

冬芽の芽鱗の数や形は、樹種によってそれぞれ違うので、落葉しているときに樹種を見分けるには、芽鱗を観察します。

〈冬芽で樹種がわかる〉

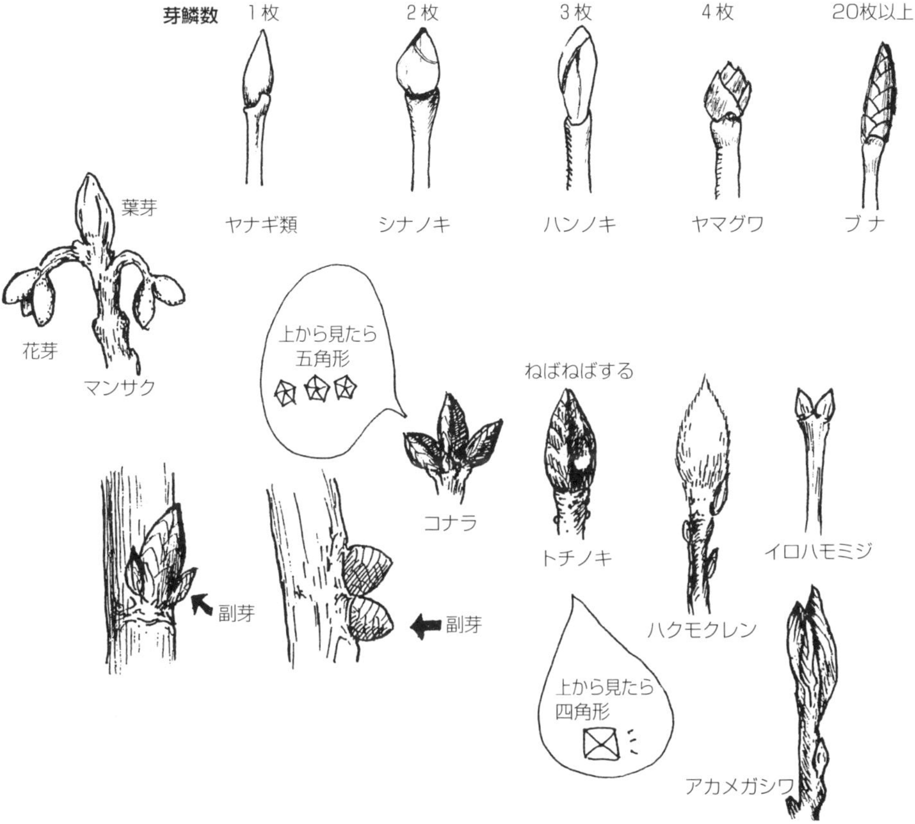
芽鱗数
1枚
2枚
3枚
4枚
20枚以上
ヤナギ類
シナノキ
ハンノキ
ヤマグワ
ブナ
葉芽
花芽
マンサク
上から見たら
五角形
コナラ
ねばねばする
トチノキ
ハクモクレン
イロハモミジ
副芽
副芽
上から見たら
四角形
アカメガシワ

たとえば、ヤナギ類は芽鱗の数が1枚、カツラ、シナノキ、キハダなどは2枚、ハンノキ、ミヤマハンノキなどは3枚、ヤマグワ、ウダイカンバ、ガマズミなどは4枚、ブナ、ミズナラ、サワシバなどは２０枚以上です。

カエデの仲間は、芽鱗の数と並び方で細かく分類することができます。

モクレンやコブシの仲間の芽鱗は、托葉2枚と葉柄がくっついたものです。

トチノキの芽鱗には樹脂が覆っていてねばねばしますが、このねばねばは大きな芽を乾燥から守る働きがありますが、もうひとつの働きは虫の食害から芽を保護することです。芽を食べようと虫がきても、このねばねばの樹脂に体がくっついてしまうので芽を食べることができません。

芽鱗をもたない芽を裸芽といいます。クルミの仲間、クサギの仲間、ムラサキシキブ、ヤマウルシなどに見られます。裸芽の場合、最も外側の葉が芽鱗と同じ働きをして内部を保護し、越冬後に脱落したり、葉全体が多様な絨毛《じゅうもう》で覆われていたりします。

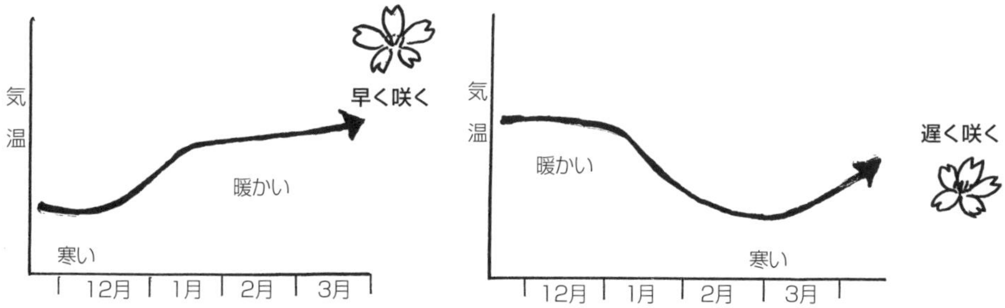

〈暖冬でも開花が早まる場合と遅くなる場合がある〉

暖冬だとサクラの開花は早くなるか？

サクラの花芽は、冬に一定の寒さを経験すると休眠が破られ、開花の準備をします。しかし実際に開花するには一定の暖かさが必要です。普通は暖冬だとサクラの開花は早くなりますが、かえって遅くなることがあります。それは、ひとくちに暖冬といっても寒さのあり方が違うからです。12月､1月が寒くて2月、3月が暖かいとサクラは早く咲きますが、12月、１月が暖かくて２月、３月が寒いとサクラの開花は遅くなります。

12月から１月の間に一定の寒さにあわないと花芽が開花の準備をせず、２月から３月の間が寒いと花芽の発育が遅れるからです。冬でも10℃より寒くなることがめったにない沖縄では、ソメイヨシノは開花しません。

春の芽出しと土の湿り具合

春の芽出しや開花の時期は気温によって変化しますが、土壌の温度すなわち地温によっても変化します。土が湿った所では春になっても地温の上がり方が遅いので、春の芽吹きは乾いた所よりも遅くなります。この現象は、湿地帯や池のほとりで観察することができます。

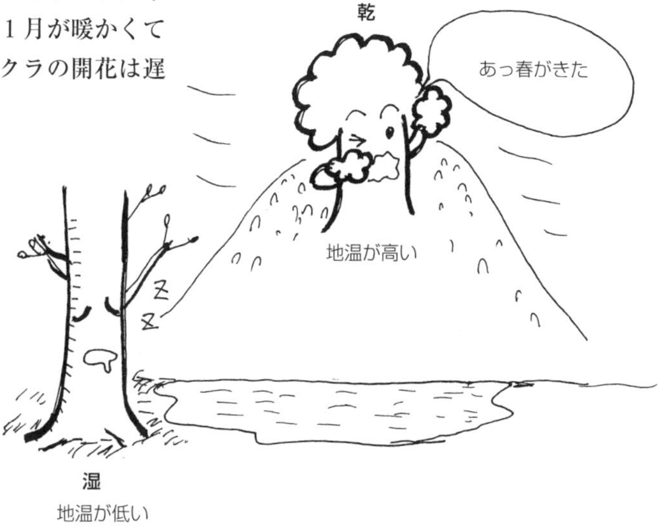

病害虫を防御する木のしくみ

木に集まる生き物たち

木が元気なら病害虫はなかなか入ることができないが…

病害虫は健康な木にはとりつきにくい

害虫や病原菌の多くは、木が弱ってから寄生します。普通、木は病害虫に対して抵抗性をもっているので、木が健康なときは病害虫はなかなか入ることができないからです。

もし、ある害虫が健康な木を次々と枯らす力をもっていたとすると、木は絶滅してしまい、その害虫のほうも食べ物がなくなって生態系の中で生き残ることができなかったでしょう。

病害虫は長い目でみれば生態系の中で植物と共存し、植物の過度の繁茂を防いだり、有機物を分解したりする役割を果たしています。

木に寄生する生物

1－キノコ

キノコを出す菌類にはたくさんの種類がありますが、木の幹や枝、根などの生きた組織を侵していく菌類、たとえばナラタケ菌は、木にとっては病原菌です。しかし、カワラタケのようにもう枯れて死んでしまった部分にキノコがついていても、多くの場合、それは病気ではありません。それどころか木にとってはじゃまとなった枯れ枝を落としたり、分解して土に変えたりしてくれる大切な生き物です。

しかし、材木を分解する菌類の菌糸が、木の幹や大枝の中に入ってしまうと事情は変わります。体の中の材が腐って、強度が著しく下がり、ついには倒れたり折れたりします。ですから、材木を分解する菌類も立派な病原菌であり、どの部分の材木を分解するかで病気となったりそうでなかったりします。サルノコシカケの仲間は幹折れを発生させる代表的な菌類です。

ナラタケ(生きた木に寄生)

2－コケ

樹皮の入れ替わりが極めて遅く、古い木の皮がいつまでもついたままのときにコケがつくことが多いようです。

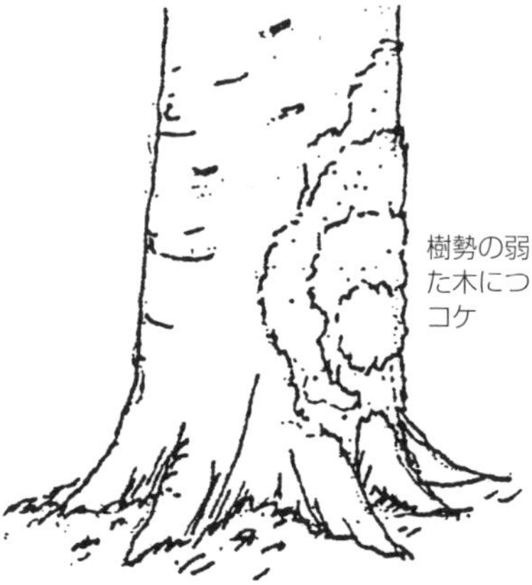

樹勢の弱った木につくコケ

樹皮がひんぱんに新しく入れ替わっていれば、コケはつきません。コケが厚くつくのは、最近幹があまり太くなっていない証拠です。コケや地衣類が幹全体についているときは、樹勢衰退の可能性を示しています。

3－アリ

アリは材が腐朽してやわらかくなった所に巣をつくりやすいので、幹の表面に細かな木くずでつくられたアリの孔道があったら、材の内部が腐っている証拠です。でも、アリはまだ固い部分には穴をあけません。腐っている部分に巣をつくるとき、ついでに菌糸も食べてしまうので、空洞化は早まりますが、腐る速度は遅れたり、進行が止まったりします。

アリは害虫か？

温帯にいるシロアリは普通、生きた細胞をもつ辺材を食べません。死んだ材を食べます。でも、亜熱帯から熱帯にいるシロアリの中には、木を枯らすものもいるようです。

シロアリ

4－カミキリムシ

マツノマダラカミキリはマツを枯らす線虫（マツノザイセンチュウ）を運びます。ゴマダラカミキリの幼虫は、広葉樹の根元近くの幹に大きな穴をあけます。

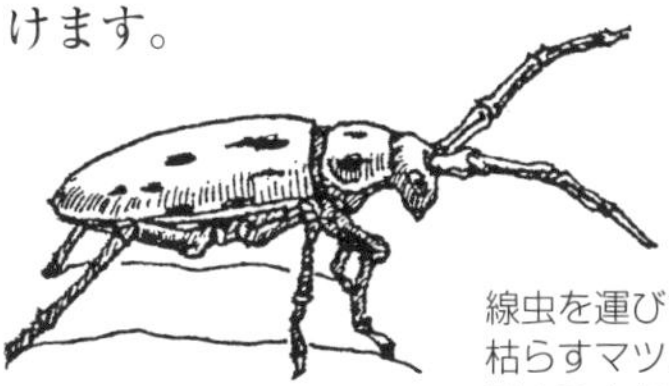

線虫を運びマツを枯らすマツノマダラカミキリ

ゴマフボクトウ、ゾウムシ類、キクイムシ類、ナガキクイムシ類、コウモリガ、コスカシバなどの幼虫も木の幹や枝に穴をあけて材木を食べます。

キクイムシは幼虫ばかりでなく成虫も木に穴をあけます。

5－ヤドリギ

ねばり気のある種子が木の枝について、そこで発芽し、不定根を樹皮の中に食い込ませて水分やミネラルを奪いますが、光合成は自分でしているので、寄生した木を殺すようなことはしません。でもオオバヤドリギは木を枯らすことがあるようです。

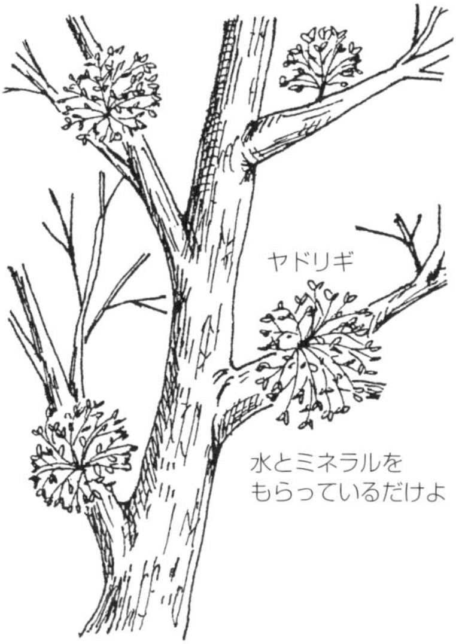
ヤドリギ
水とミネラルを
もらっているだけよ

6－大きなつる

つるが木にからみつき、大きくなって相手の木の樹冠を覆うと日光がさえぎられ、樹木は十分に光合成ができなくなります。キヅタ、クズ、ヤブガラシ、フジなどにからまれ枯れてしまった木を時々見かけます。

つる植物

7―アブラムシ

枝や葉について細胞から汁（甘露）を吸います。アブラムシの排泄物は甘いのでよくアリがなめに来ますが、排泄物が葉に付着するとそこにカビが生えてすす病の原因になります。

では、なぜアブラムシは甘い排泄物を出すのでしょう。それは樹液を吸っていると糖の吸収が多くなり、ミネラルなどが不足してしまうので、アブラムシはたくさんの樹液を吸って、余分な糖を捨てながら必要なミネラルを集めているのです。糖を捨てないとアブラムシも糖尿病？にかかってしまうのです。

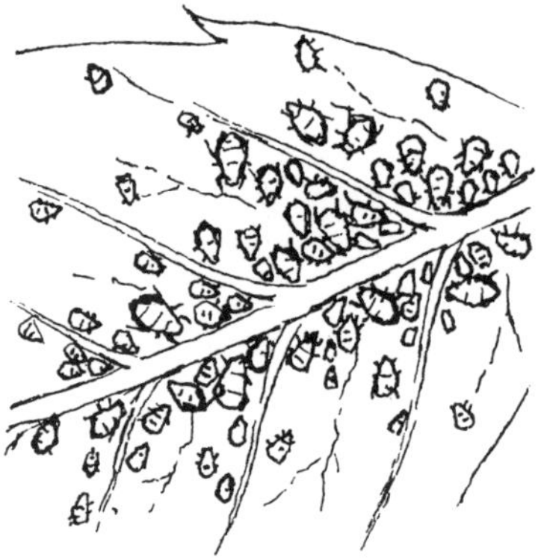

アブラムシ

8―カイガラムシ

弱った枝や葉につきますが、幹に食い込む種類もあります。シラカシの木肌が異常にざらついていることが多いのは、カシアカカイガラムシのせいです。カシアカカイガラムシは最初、カシの樹皮が肥大生長で縦に割られて中から十分コルク化していない新鮮な樹皮がでてきたところに付着します。そ

樹液を吸うカイガラムシ

して内樹皮の細胞に針を刺し込み、細胞液を吸収します。樹木はそれに反応してコルク形成層をつくり、盛んにコルク層をつくります。その結果、カイガラムシはコルクの中に埋もれたようになってしまいます。

9―うどん粉病

うどん粉病菌は葉の表面に寄生しますが、寄生した細胞が死んでしまうと自分も死んでしまいます。そこで寄生した細胞が死なないように、細胞から栄養分を吸収する吸器をほんのわずかしか刺し込みません。

また、うどん粉病菌は細胞が過敏感死しないように、植物の細胞が自殺しようとして出す毒成分の発生を抑える物質を出します（110ページ参照）。

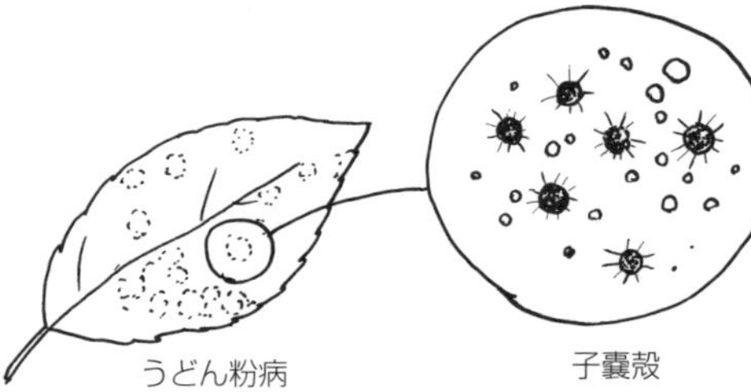

うどん粉病　　子嚢殻

病害虫の意外な一面

なんでこんな
生活をしてい
るんだろう

木の病害虫にはいろいろなものがありますが、なかには変わった生活をするものもいます。ひとつの種類の木だけをすみかにせず、違う種類の植物の間を行き来するものがいたり、普通の病原菌にとっては繁殖しにくい環境のほうを好む変わり者がいたりします。

いつもは憎まれ役の病害虫ですが、生物としての一面をのぞいてみましょう。

たき火がきっかけで出るキノコ

たき火をすると熱で土が殺菌されるように思うかもしれませんが、なかには例外もいます。ツチクラゲというキノコは、たき火や山火事で土が高温になると目覚める変わり者です。ツチクラゲはマツ類の根を侵します。海岸の松林では、キャンプのときの炊事場やキャンプファイヤーの跡地からこの菌が発生します。

たき火によって、松林に競争相手の菌が少なくなるときを、ツチクラゲは待っているのかもしれません。

茶色のクラゲ
のような
キノコ
たき火で目覚める
ツチクラゲ(不食)

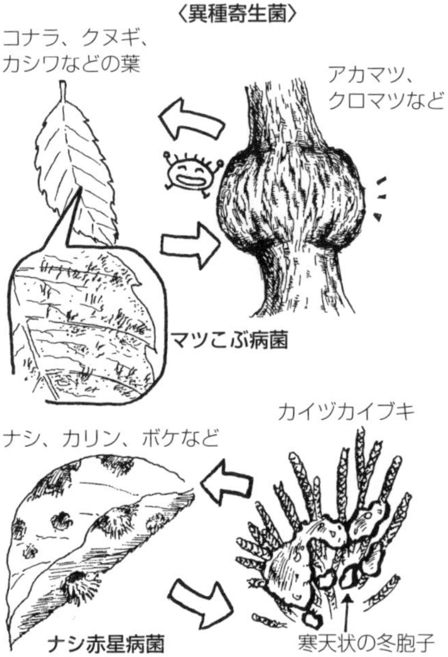

マツとコナラ類を行き来する
マツこぶ病菌

病原菌は病気の木にしかいないとは限りません。ほかの植物で生活していることがあります。このように複数の宿主を往復する菌を異種寄生菌と呼びます。でもこのような菌は、どちらの宿主が欠けても病気は発生しません。

マツの幹のこぶは、サビ菌という菌類が起こす病気です。マツこぶ病のサビ菌は、コナラやクヌギの葉に伝染し、マツとコナラ類の間を行ったり来たりして増殖します。

異種寄生菌の代表として有名なものにナシ赤星病菌があります。これはナシなどとビャクシン類を往復して増殖する菌です。ナシの樹勢が弱り実のなりかたが悪くなるので、ナシ園の近くではカイヅカイブキなどを植え付けることが禁じられていますが、木を枯らすほどの病気ではありません。

ケヤキとササ類を行き来する
ケヤキフシアブラムシ

昆虫の中にも違う植物を往復しているものがいます。ケヤキの葉に虫こぶをつくるケヤキフシアブラムシ（ケヤキハフクロフシ）です。

春、この幼虫の寄生によってケヤキの葉にこぶができます。夏の間はタケやクマザサなどのササ類の根に移住します。そして秋には、またケヤキに戻ります。ケヤキフシアブラムシもタケやササがなくなれば生きてはいけません。アブラムシの中にも避暑地に別荘をもっているものがいるのです。

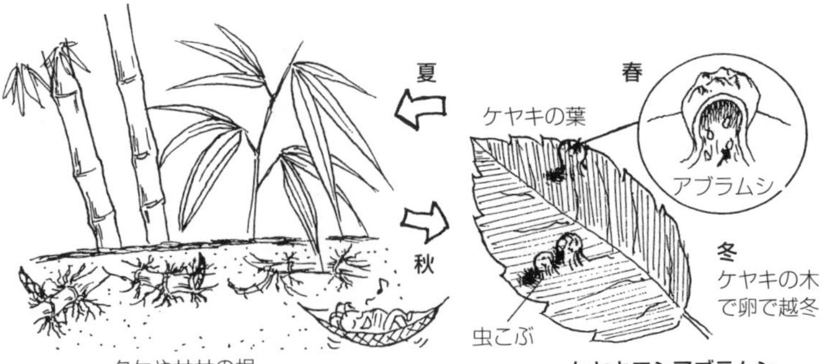

ケヤキフシアブラムシ

病害虫を防御する木のしくみ 3

連携してマツを枯らす マツノマダラカミキリとマツノザイセンチュウ

マツノマダラカミキリは、アカマツやクロマツに松枯れを起こす線虫の一種マツノザイセンチュウを運びます。この線虫は北アメリカから入ってきたので、日本のアカマツ、クロマツなどの二葉松（ひとつの短枝から2本の葉が出るマツ）やチョウセンゴヨウには抵抗性がほとんどなく、元気なマツでも被害を受けます。とくに土壌の乾燥などにより樹勢が衰退すると、発病が促進されるといわれています。

発生するしくみは図のとおりです。

5月～6月ころ、マツノマダラカミキリが枯れたマツの幹から羽化して飛び出していきます。そして、まだ生きているマツの新梢などを食べ始めると、マツノマダラカミキリの体内にいたマツノザイセンチュウが、カミキリムシの気門から這い出してきて、マツの傷口からマツの体内に入り、*樹脂道を通って体中に広がっていきます。

梅雨期の雨が多く降って土が湿っているときは、マツノザイセンチュウはあまり増えないのですが、7月下旬から8月の真夏の乾燥期を迎えるとマツノザイセンチュウは樹体内で猛烈に増殖していきます。

マツも線虫の増殖に抵抗してたくさんのテルペン類などを出しますが、それでもマツノザイセンチュウを殺すことはできません。そしてマツノザイセンチュウが増殖するにしたがって、水の通り道である仮道管に、樹木が線虫に抵抗するために出した揮発性のモノテルペン類が入って気泡ができキャビテーション(空洞化）という現象が生じます。

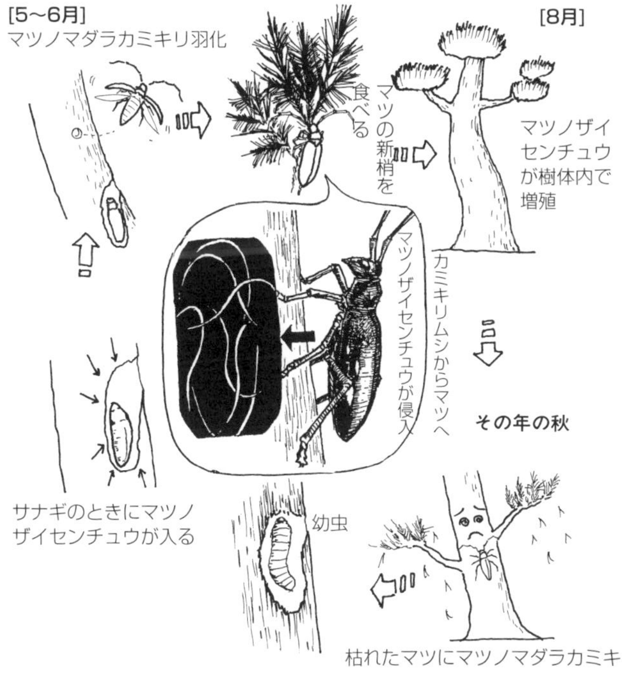

[5～6月]
マツノマダラカミキリ羽化
マツの新梢を
食べる
[8月]
マツノザイセンチュウが樹体内で増殖
カミキリムシからマツへ
マツノザイセンチュウが侵入
その年の秋
サナギのときにマツノザイセンチュウが入る
幼虫
枯れたマツにマツノマダラカミキリが産卵

【樹脂道】ヤニを出す組織で、エピセリウム細胞という樹脂を出す特別な細胞で取り囲まれている細胞間の管状の空隙です。

また、マツノザイセンチュウの出すセラーゼというセルロース分解酵素によって、マツの樹脂を分泌するエピセリウム細胞が破壊されてヤニが出るのが止まったり、形成層細胞が破壊されたりします。形成層細胞が破壊されるとキャビテーションはさらにひどくなり、その結果､水の通りが妨げられ､しおれて枯れてしまうことになります。

８月下旬から９月にかけてマツの木全体に葉の変色が見られたら、その木はマツノザイセンチュウ病にかかった可能性が高いでしょう。

マツが枯れるとマツノマダラカミキリの雌は、その木にたくさんの卵を産みつけます。そして枯れたマツの中で育った幼虫が蛹になるとき、蛹室のまわりにマツノザイセンチュウが集まってきて、羽化したカミキリムシの気門から体内に入り込み、新しいマツへ伝播していきます。これはカミキリムシと線虫の驚異的な共生関係です。

病害虫を防御する木のしくみ｜4

病害虫に対する木の防衛機能

病原菌を防御する過敏感細胞死と木化

過敏感細胞死とは、植物がもつ重要な防御機構です。たとえば植物の葉に病気が発生すると、病原菌が寄生している部分の周囲の細胞は多量のフェノール類などを出して、自家中毒で死んでしまいます。生きた細胞から糖などを奪おうとした病原菌は、周囲が死んだ細胞ばかりになるので、それ以上広がることができなくなり、そのうちに脱落してしまいます。

病原菌が侵入したときに起きる別の重要な反応が柔細胞の木化という現象です。病原菌が侵入した部分の周囲の柔細胞の細胞壁にリグニンが沈着して化学的、物理的に結合して強固な壁となります。

害虫に抵抗する葉っぱ

木は虫のいやがる物質を出して虫に抵抗することができます。木に活力があれば害虫に攻撃されても、それだけで木が枯れてしまうことはあまりありません。

虫に食べられて穴のあいた葉をよく見てください。食べられた部分と健全な部分の境の組織が黒褐色になっているのがわかるでしょう。虫は生きた新鮮な葉を食べようとしますが、葉を食べられた樹木は、それ以上食べられないように抵抗しているのです。

まず、虫のいやがる物質をたくさん出して葉を全体的にまずくします。次に食べられた部分の周囲の組織にコルク形成層がつくられて細胞がコルク化してしまいます。虫はそれ以上食べることができなくなって、よその葉へ行ってしまいます。樹木が発する芳香、ヤニ、渋味、苦味、毒物、臭気などはいずれも病気や害虫に対する防御のためにあり、自分たちを食べてもうまくないようにしているのです。

樹木は虫が大発生して被害が大きいと、その情報を近くの木にも伝えます。その情報伝達はエチレンやメチルサリチル酸などの物質で行なわれます。その情報を受けたほかの木は、葉をまずくします。虫はその場所でそれ以上葉を食べることができなくなって、遠くへ行ってしまいます。

天敵を呼ぶ蜜腺・ダニ室

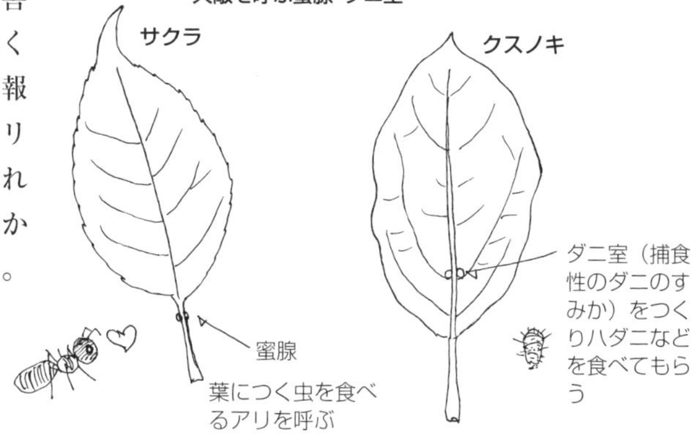
サクラ
クスノキ
ダニ室（捕食性のダニのすみか）をつくりハダニなどを食べてもらう
蜜腺
葉につく虫を食べるアリを呼ぶ

このような現象は、アフリカのサバンナにあるアカシアの林とキリンとの関係でもみられます。

害虫対策

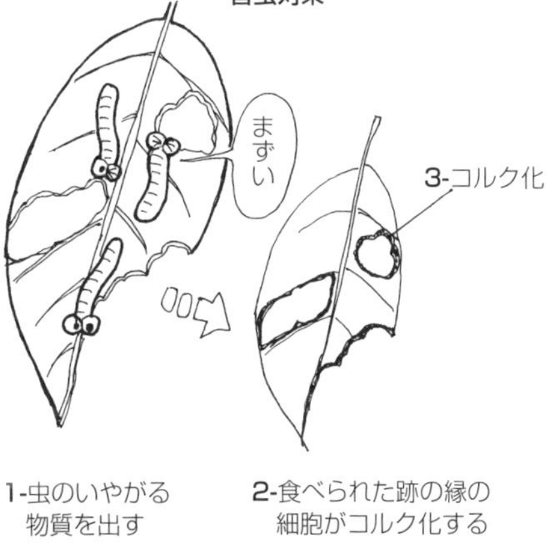
まずい
3-コルク化
1-虫のいやがる物質を出す
2-食べられた跡の縁の細胞がコルク化する

害虫の天敵を呼ぶ樹木

サクラの葉には蜜腺があります。花にある蜜腺は虫に花粉を運んでもらうためのしかけですが、葉の蜜腺は何の役に立つのでしょう。実はアリを呼んでいるのです。サクラの葉の蜜腺から甘露が出るのは、春に開葉してから初夏までの間ですが、そのころはサクラも実を充実させる必要があり、光合成を盛んにしなければなりません。そのようなときに葉の害虫に侵されると木は弱ってしまいます。蜜に誘われてきたアリは葉につく虫も食べるので、アリはサクラにとって番兵です。

動物の共生関係としてはアリとアブラムシ（アリマキ）が有名ですが、実はアリはアブラムシを守っているのではなく、アブラムシの甘露をなめると同時にアブラムシを食べることもします。

クスノキの葉の葉脈の分岐部は少しふくらんでいます。葉の裏から見ると少しくぼんでいて、袋状になっています。それをダニ室といいます。ダニ室には時々ダニがいますが、そのダニの種類はハダニなどを食べる捕食性のダニです。クスノキはダニ室をつくって捕食性のダニにすみかを提供し、その代わりにハダニなどがつくのを防いでもらっているのではないかと考えられています。ダニ室はサンゴジュなどにもあります。

木に活力があれば害虫に攻撃されて
枯れることはあまりない

樹勢が衰退すると虫害が発生しやすい

木の防御機能を発揮させる環境整備

生態系のバランスが崩れたようなときには、激しい虫害が発生しやすくなります。たとえば、まわりの木が伐採され急に強風や乾燥にさらされたり、道路工事や建築工事によって土が固められたりして樹勢が衰退すると、キクイムシが大発生することがあります。

でも個々の木について考えると手を加えずに自然生態系を厳正に守ることが必ずしも保護と結びつくとは限りません。木をとりまく環境を改善し、樹木の活力を高めて害虫に対する抵抗性を高めることが大切です。たとえば、森の中の古木を守ろうとする場合、まわりにある覆いかぶさってくる木をある程度切って古木に日射が当たるようにする必要があります。

木を取り巻く環境を改善し、樹木の活力を高める

害虫に強い木と弱い木、その違いは

木にも害虫に強い樹種と弱い樹種があります。たとえば、クスノキやイチョウは害虫の種類が少なく、害虫によって木が枯れたりすることはほとんどありません。害虫に強い木は病気にも強いので、クスノキやイチョウには何百年と生き続けている長命な木が多く存在します。

一方、ポプラやソメイヨシノは害虫の種類が多い樹種で、病気の種類も多くなります。そのため、長く生きる木は少なく、100年以上も生きる木は極めてまれです。

長く生きる木とそうでない木の本質的な差は、実はよくわかっていません。病害虫に抵抗するための物質をたくさん出す能力（クスノキの樟脳成分など）や遺伝子上のプログラムに違いがあると考えられていますが、本当のところは謎です。

病害虫を防御する木のしくみ｜5

木の根と共生する菌根菌、材木を腐らす腐朽菌

主な病原菌は菌類

植物に病気を起こす病原体にはウイロイド、ウイルス、ファイトプラズマ（植物に寄生するマイコプラズマ）、細菌、菌類、地衣類（ごく一部）、線虫類、ダニ類、寄生植物（ごく一部）などがありますが、樹木の病気で重要なものはほとんど菌類と細菌が起こします。なかでも菌類が大半です。

昆虫などの食害や寄生も病気の一種と考えることができますが、普通、病害と虫害は別に扱われます。

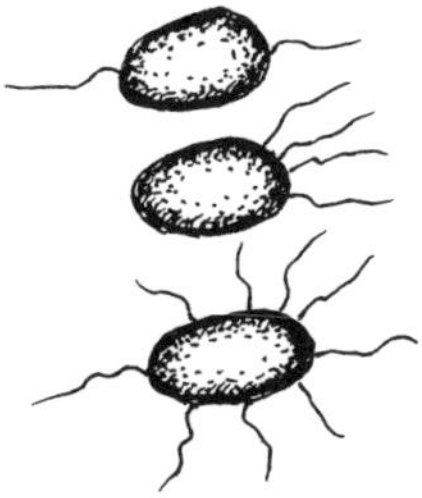

細菌

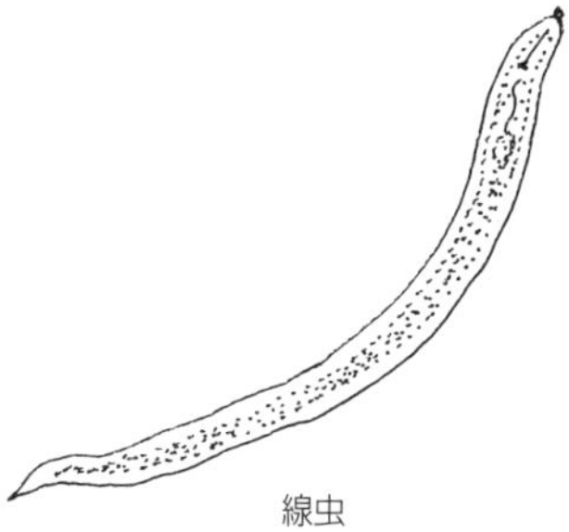

線虫

菌類

ナラタケ

サルノコシカケの仲間

植物に寄生する病原体

木の根と共生する菌根菌

マツタケはアカマツの根に菌根《きんこん》をつくり、根から糖などの栄養をもらう代わりに、根がとても入れないような土壌の小さなすき間に菌糸を伸ばして、水、チッソ、ミネラルなどを吸収してマツに送ります。さらに乾燥や過湿から細根を保護する働きもします。

マツは本来的にやせた乾燥地に耐える性質をもち、さらに菌根菌の助けがあるために、ほかの木が生えにくいやせて乾燥した尾根などでも生育できるのです。逆に落ち葉などが堆積した肥沃な場所では、長い間には他の木との競争に負けてしまうことが多いようです。

アカマツばかりでなく、多くの樹木は菌類と共生して菌根をつくっています。菌根とは、植物と菌類の共生によって形成される根の状態をいいます。菌根には、水分やミネラルの吸収力の増加、土壌病害や、乾湿などに対する耐性の増大などの働きがあります。

菌根をつくる菌を菌根菌といいます。共生状態の違いによって、外生菌根、内生菌根､内外生菌根に分けられます。菌根菌で最も有名なマツタケは、マツ類に外生菌根をつくります。

樹木は菌根菌がなくては大きく生長することができない、といわれるほど菌根菌は重要な役割を果たしています。根は菌類と共生することで、厳しいストレスを乗り越えてきたのです。でも樹木の樹勢が衰えて十分な糖がもらえなくなると、菌根菌が根を攻撃し始めることもあるようです。

多くの樹木は根と菌根菌が共生している

材木を分解するキノコ

「木が腐る」とは、菌類が木を分解することです。腐った部分はぼろぼろになります。木の病気のなかで、すべての木がかかるのが、この木を腐らせる病気です。

しかし、菌類がいないと植物は分解されず、森林での物質循環も進みません。樹木にとっても枯れてじゃまになった枝を落とすことができません。結局、分解者がいないと木も生きられないのです。木にとって腐朽はさけられないものであり、必要なものです。菌類は敵でもあり味方でもあるのです。

褐色腐朽菌と白色腐朽菌

木の細胞壁は、細菌などではなかなか分解できないリグニンやセルロースやヘミセルロースでつくられています。

褐色腐朽菌はセルロースやヘミセルロースを食べて分解しますが、細胞壁に硬さを与えているリグニンはほとんど分解しません。褐色腐朽菌に侵された材は、鉄筋コンクリートの鉄筋が溶けてコンクリートが残ったようなものです。骨組みがなくなるので、ブロック状や粉状になります。

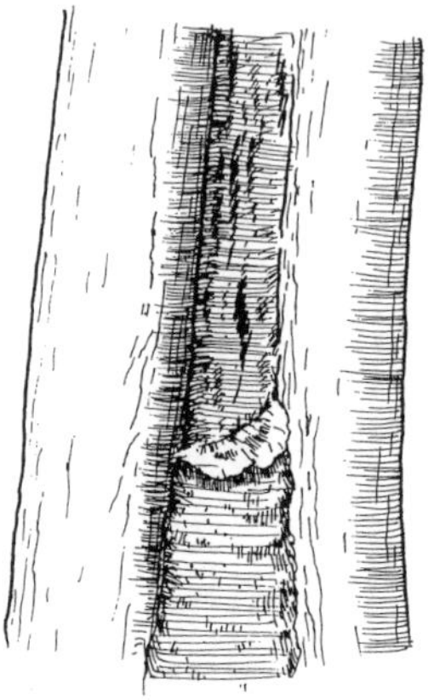

たいてい材質腐朽は菌が最初に入った所の近くに最も大きなキノコが出る。そのころには腐朽菌の菌糸が腐朽部にまんえん

材質腐朽菌のキノコ

白色腐朽菌は、セルロース、ヘミセルロースとともにリグニンも分解します。セルロースよりもリグニンのほうを早く分解するので、細胞の骨格をつくっている白色のセルロースが残ると鉄筋コンクリートのコンクリートがないような状態になります。骨組みは残っていますが、間の詰め物がないのでスポンジ状になります。

ヘミセルロースは鉄筋とコンクリートを結びつける針金のような働きをしています。

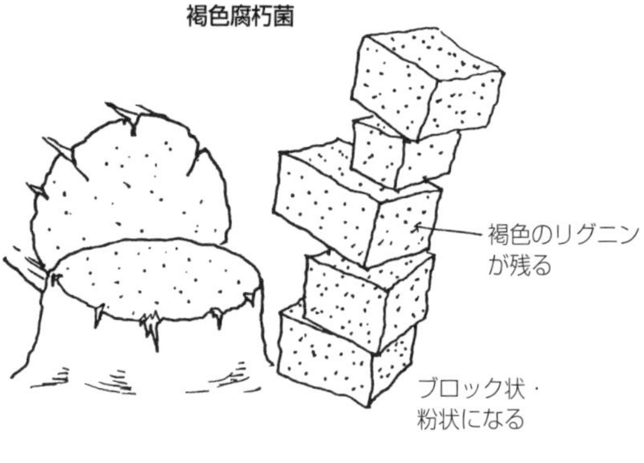
褐色腐朽菌
褐色のリグニンが残る
ブロック状・粉状になる

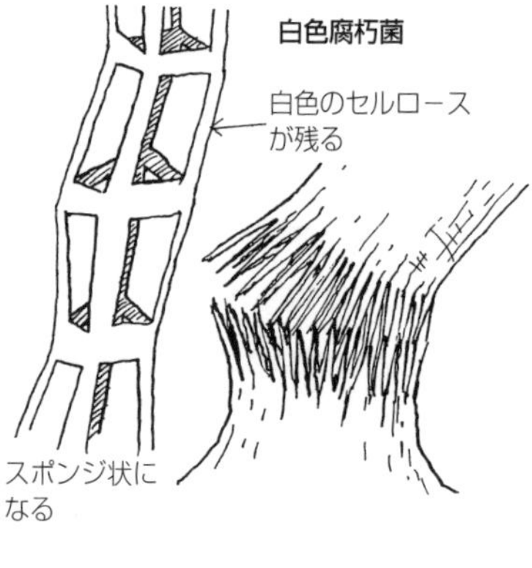
白色腐朽菌
白色のセルロースが残る
スポンジ状になる

枝や傷の下へ腐る？上にも腐る？

スギやヒノキでは、枯れ枝や枝打ち跡から溝状に腐ることがあります。これは、そこから樹皮や形成層あるいは辺材の柔細胞を侵す胴枯れ性の病原菌が入って幹の樹皮が壊死し、そのあとに死んだ材木を食べる腐朽菌が入ったのです。

樹皮の壊死は枝のあった所から上下に早く広がり、横方向への広がりは少しずつ進みます。木も腐朽菌に抵抗しようとし、また、腐朽で物理的に弱くなった部分を補おうと周囲の形成層の生長を速くするので、幹はふくらみ、腐った部分は紡錘形になります。溝腐れ病で木が枯れることは少ないのですが、木材としての価値はなくなってしまいます。

広葉樹では、枯れ枝から入って溝腐れ症状を起こす病気は、その枝よりも下に長く広がることが多いようです。

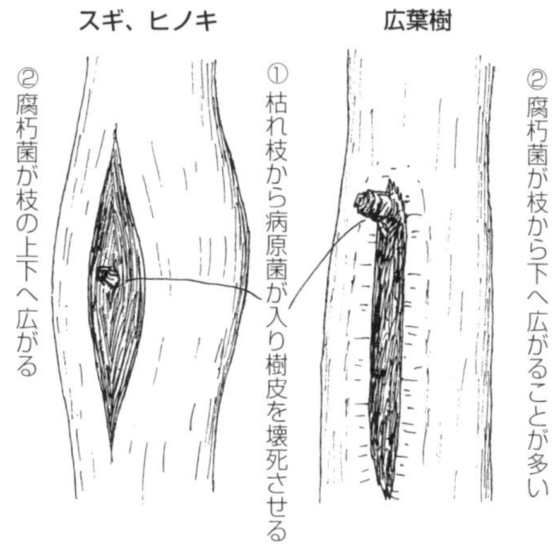
スギ、ヒノキ
広葉樹
②腐朽菌が枝の上下へ広がる
①枯れ枝から病原菌が入り樹皮を壊死させる
②腐朽菌が枝から下へ広がることが多い

根元の傷や根から入る病原菌

根の病気では、病原菌が幹の上のほうにまで広がることはあまりありません。ならたけ病や白紋羽病は根の病気の代表的なものですが、病原菌の菌糸は根元から高さ2mほどしか上がりません。

サクラ、モモの根によく見られる根頭がんしゅ病は、枝に転移することがありますが、それでも5mほどの高さまでです。

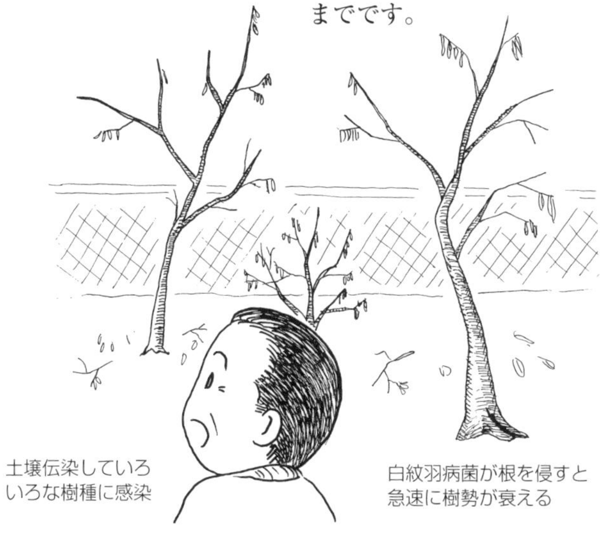
土壌伝染していろいろな樹種に感染
白紋羽病菌が根を侵すと急速に樹勢が衰える

腐朽に対する樹木の防御機能

バリケードをつくって腐朽の拡大を防御する木

木が傷つき腐朽菌が幹や大枝の中に入ってくると、木はそれ以上広がらないように固い防御の壁をつくって腐朽菌を閉じ込めようとします。

1のライン…道管や仮道管に多様な防御物質が詰まってできる、腐朽の上下方向の広がりに対する防御帯。

2のライン…年輪の晩材部分や心材化によりできる防御帯。

3のライン…放射組織の柔細胞が反応してできる防御帯。

4のライン…形成層や、できてから1～2年の新しい年輪の柔細胞が反応してできる防御帯。

最も強い防御帯は4で、次に3です。最も弱く突破されやすいのは1の防御帯です。ですから、腐朽は幹の上下に長く広がる性質があります。

腐ってぼろぼろになっているところAは、すでに腐朽菌が材をほとんど食べ尽くした跡です。最も腐朽菌が活動している部分Bは変色していますが、まだ固く、防御の壁と見分けがつきにくい状態です。

この防御帯をつくる能力は、樹木の活力状態によって大きく変わり、樹勢が強いと早く強力な防御帯がつくれ、樹勢が弱いと弱いものになり、しかもつくられるまでに時間がかかります。

4つの防御壁をつくって閉じ込める

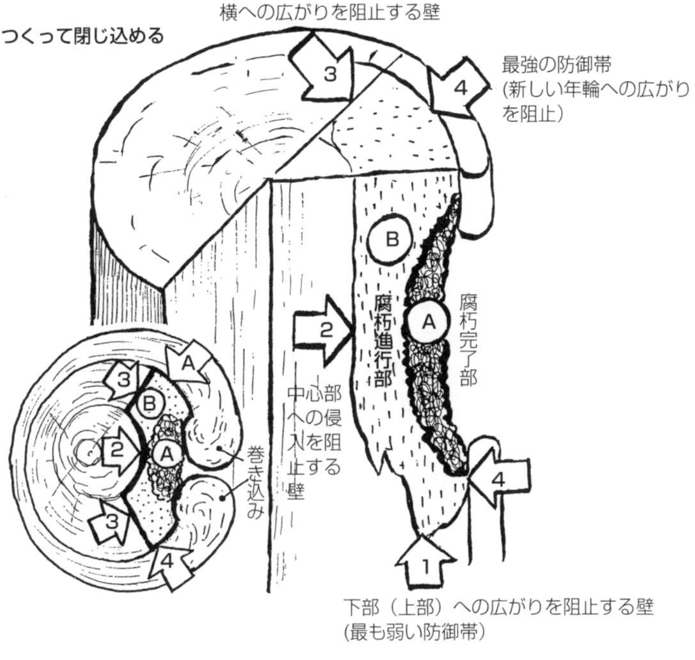
横への広がりを阻止する壁
3
4
最強の防御帯
(新しい年輪への広がりを阻止)
B
腐朽進行部
A
腐朽完了部
2
中心部への侵入を阻止する壁
4
1
下部（上部）への広がりを阻止する壁
(最も弱い防御帯)
A
3
B
2
A
巻き込み
3
4

集団で防御する森の木

どんな木も病害虫に侵入されます。その森が１種類だけの木で構成されていると、すべての木が同じ病害虫に侵されやすくなります。多くの種類の木で構成されている森なら、１種類の病気が大発生することはありません。また、病気や害虫を攻撃する生物も多様な種類がすんでいるので、病害虫が発生しても長くは続きません。

自然度が高いと、生物同士が互いにけん制し合い、一部の生物の大発生を抑えます。害虫・益虫などと目先の都合だけで見るのではなく、その木に直接関係ないように見える動植物や菌類も重要な役割を果たしていることを考えてみましょう。

木々は、いろいろな物質を出して情報交換をしています。葉を食べられたら、ほかの葉をまずくして全部は食べられないようにします。隣の木もその情報を受け取って、自分の葉をまずくします。まずい葉を食べたくない害虫は、ほかの森へ移動します。こうして木々は昆虫や菌類と共存してきたのです。

はじめから体をまずくすればよいのにと思われるかもしれませんが、抗菌物質をつくり続けるのは、木にとって大変なエネルギーが必要なのです。だから、樹勢が悪い木は抗菌物質を満足につくることができず、病害虫にいいように侵入されてしまうのです。

いろいろな生物がいる森では生物同士がけん制し合い、
一部の生物の大発生を抑えている

ソメイヨシノのひこばえはソメイヨシノ？

接ぎ木で増やすソメイヨシノのひこばえは、ソメイヨシノじゃないはずなんだけど…

ソメイヨシノ
マザクラ

台木のマザクラ部分を、ソメイヨシノの組織が包み、根を伸ばす（台負け）。その根元からソメイヨシノのひこばえが出る

ソメイヨシノはエドヒガンとオオシマザクラの雑種で、種子はほとんどできず、まれに種子ができてもソメイヨシノにはならないので、オオシマザクラの実生苗を台木にし、接ぎ木により苗を育成します。枝を挿しても発根性が極めて悪いので、挿し木はしません。ですから、根元から出るひこばえはオオシマザクラのはずです。

ところが、公園や街路樹に植えられているソメイヨシノのひこばえをよく見ると、ほとんどがソメイヨシノです。なぜこのような現象が起きるのでしょう。

実は近年、ソメイヨシノの台木として最もよく使われているのはオオシマザクラの実生苗ではなく、マザクラあるいはアオハダザクラと呼ばれる木の挿し木苗なのです。この木は挿し木をしてもよく根が出るため、台木を簡単につくることができます。

このマザクラの挿し木の台木にソメイヨシノを接ぎ木すると、マザクラの生長よりもソメイヨシノの生長のほうが強いために、マザクラの上にソメイヨシノの組織がかぶさっていき、中のマザクラは死んでしまいます。 この現象を台負けといいます。そうなるとソメイヨシノは自分で根を伸ばして生長するので、根元からのひこばえもソメイヨシノになってしまうのです。結果的に挿し木と同じことになります。

サクラの葉の裏をよく見てください。ソメイヨシノやエドヒガンには葉裏の葉脈に毛があります。オオシマザクラには毛がありません。ヤマザクラやオオヤマザクラの葉にも毛はほとんどありませんが、ヤマザクラやオオヤマザクラの葉柄には少し赤みがあり、オオシマザクラにはほとんどありません。毛がなく渋味も少ないオオシマザクラの葉は、塩漬けしたり、桜餅を包むのに使われています。

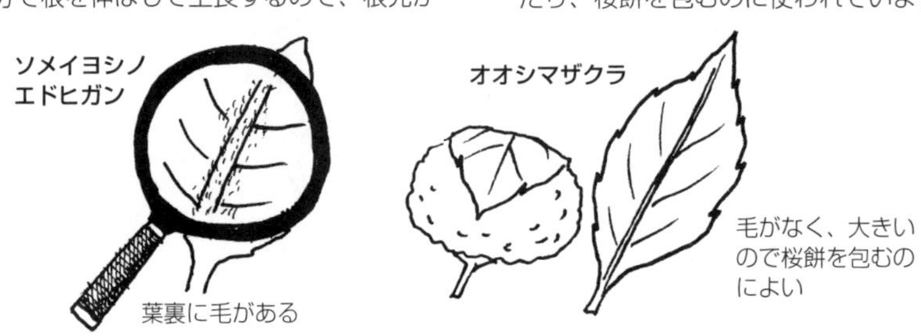
ソメイヨシノ
エドヒガン
葉裏に毛がある
オオシマザクラ
毛がなく、大きいので桜餅を包むのによい

PART 3

木の診断と管理法

誤解だらけの管理方法

樹木の管理について昔からいわれていることのなかに、誤解がたくさん混じっています。その最たるものが「木は剪定すれば良くなる」というものです。とくにウメについては「桜切る馬鹿梅切らぬ馬鹿」の諺が示すように、切らなければいけないものだと思われています。確かに剪定すれば樹冠は小さくなり庭木としては都合がよくなりますが、木にとって都合がよいわけではありません。

また、「胴吹きは切らなければ上のほうの枝が枯れる」というのもあります。これも間違いです。木は樹勢が衰えたり根に障害が生じて、上方の枝に十分な水を送るのが苦しくなったので、胴吹き枝を出して若返りを図ろうとしているのです。

木はむだなことはいっさいしません。すべての枝葉は必要があって出しているのです。木を切って良くなったと思うのは人間の都合であって、木の都合ではありません。樹木を管理するときはまず最初に木の都合を聞いて、木にとって最も影響の少ない方法を選ぶようにしましょう。

切って良くなったと思うのは人間の都合、木の都合ではない

葉・新梢の診断と手当て

葉・小枝の数
多い
やや少ない
少ない
乏しい
樹勢良
樹勢悪

木の健康状態を診断するには、樹木を上から下までいろいろな部分に分けて評価をします。そうすると同じように元気のない樹木も部分ごとに状態が異なっていることがわかり、何が原因でそうなったかを判断することができます。

葉・新梢の診断と手当て 1

剪定跡や枝葉からわかる木の悩み

剪定部分にこぶをつくり腐朽を防ぐ

大枝や幹が切られると必然的に、そ

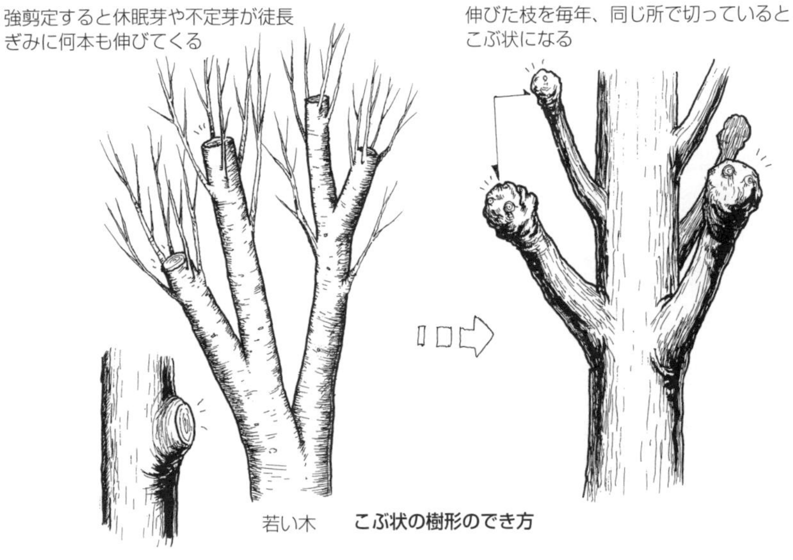
強剪定すると休眠芽や不定芽が徒長ぎみに何本も伸びてくる
伸びた枝を毎年、同じ所で切っているとこぶ状になる
若い木

こぶ状の樹形のでき方

れまで糖分など植物の生活に必要なさまざまな物質をつくっていた葉が失われます。大きな枝であればあるほど、たくさんの葉を失うことになります。そのうえ、切られた跡は大きな傷となります。たくさんの大枝や幹が切られるのは、樹木にとっては死活問題なのです。

もし樹木を大きくしたくなければ、剪定は、若木のときから始めてください。若い枝はまだ心材化していないので、元気な若枝が切断されても切断面全体が防御反応をして、腐朽菌などの侵入を阻止します。

若枝を切ると、切り口の近くから多くの枝が出てきます。翌年、それをまた切る、ということを繰り返すと切った部分がこぶ状になってきます。このこぶはたくさんの芽をもち、エネルギー状態を高めていて病害虫に対して高い抵抗力をもっています。見かけは悪いですが大切な部分です。

太くなった古い枝を切断すると、切断部分より10cm以上も枯れ下がってしまいます。そのうえ、内部では材質腐朽が進行しています。

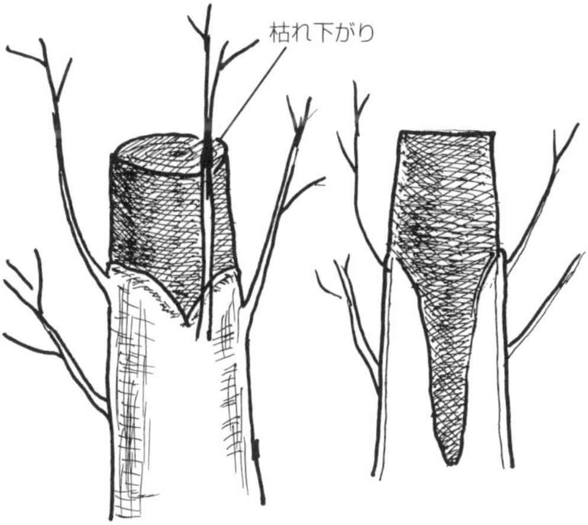

太い枝を切断すると新梢が出た所まで枯れ上がる

材を割ると中は腐朽が進行

葉・新梢の診断と手当て｜2

障害があると葉を小さくする

葉の大きさが小さくなる原因は

春、芽生えたばかりの葉は小さく色も薄いので、診断に慣れるまでは葉が開ききった晩春や初夏のほうがやりやすいでしょう。慣れてくると、落葉後でも冬芽の大きさや節間の長さで枝の充実度を判断することができます。

木の種類により葉の大きさはいろいろあります。大きな葉のホオノキやトチノキ、針のようなマツやスギではどのように判断すればよいのでしょう？

木をたくさん見ていると、その木の平均的な葉の大きさがわかってきます。スギやマツも、よく見ると元気のない木は葉の長さが短くなっています。大気や土壌の乾燥、根の障害などにより水分を十分に吸収できない状態のとき、肥料成分が極めて少ないやせた土壌状態のところ、あるいは風が常に強く吹くところでは、葉を小さくしたり梢や枝の先が枯れたりします。

葉は光合成をしてエネルギーをつくる大切な部分です。その葉が大きかったり小さかったりするのはどうしてでしょう。葉は光合成をするとき水を消

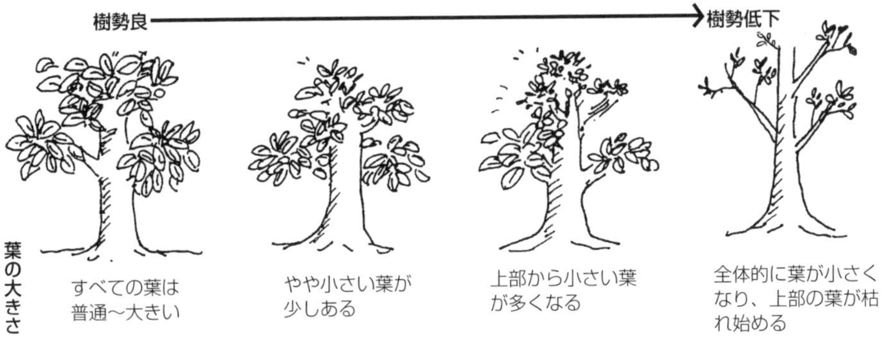
樹勢良
樹勢低下
葉の大きさ
すべての葉は普通〜大きい
やや小さい葉が少しある
上部から小さい葉が多くなる
全体的に葉が小さくなり、上部の葉が枯れ始める

費しますが、ほとんどの水分は気孔から蒸散されます。水が十分にあれば、充実した大きな葉をつくれますが、あまり水分が吸収できないときは、蒸散を抑えるために葉を小さくします。とくに樹冠の高い所にある葉へ水を送るのは大変なことなので、上の葉から小さくなります。土が乾燥していたり、固くしまっていたり、根が病気になったり切られてしまったりすると、水を十分吸うことができなくなるので葉は小さくなります。

樹勢が衰えたり、水が不足すると葉を小さくして蒸散を抑える

マツ葉

葉・新梢の診断と手当て 3

胴吹き・ひこばえは黄信号

胴吹き・ひこばえが出る原因は

根元や太い幹から小枝がたくさん出ているのを見たことがあるでしょう。枝にはたくさんの芽がついていますがそのなかには芽吹くものと、そのまま芽吹かずに眠ってしまう休眠芽（潜伏芽）とがあります。また、一度は芽吹いても太くならずに枯れて、その跡に不定芽がつくられ、それが休眠芽となったものもあります。

太い幹から直接生えている小枝は、その眠っていた芽が緊急事態で起こされて出てきたものです。上の枝が枯れたり病気になったりしたので、それに代わって栄養をつくるために起こされた芽なのです。根元から出ているものを「ひこばえ」、幹や枝から出ているものを「胴吹き」といいます。ですから、ひこばえが出ているのは、危機的状態から脱出しようと努力している姿なのです。

ひこばえや胴吹き枝は長く伸びて、細かくは枝分かれしません。葉は、高い所の枝の葉よりもずっと大きく、色が薄いのが特徴です。高い所の枝の量が多くひこばえや胴吹きが出ていないのは、樹勢が良いためのことが多いのですが、剪定されてなくなっている場合や、ひこばえ・胴吹きを出す力もなくなっているほど衰弱している場合もあります。上の小枝が枯れて胴吹き枝やひこばえしかない木は、かなり衰えている木です。さらに上の小枝が枯れ、胴吹き枝やひこばえも出ていない木は、危機的状態です。

胴吹き・ひこばえが出やすい木、出にくい木

樹種によって、胴吹きやひこばえの出やすい木と出にくい木があります。

胴吹き
ひこばえ

胴吹きやひこばえは、足りない糖をつくろうと葉や枝数を増やそうとして出る

チャンチン、カヤ、カツラなどはひこばえが出やすく、株立ちの樹形になることが多く、衰えた幹の代わりにひこばえを生長させて幹を若返らせることができます。マツなどは、枝を剪定するとひこばえや胴吹きがいっさい出ないので、その枝は枯れてしまいます。広葉樹でもイイギリのようにあまり出さないものがあります。

樹種によって胴吹きやひこばえの出方はかなり違うので、剪定の際には注意が必要です。

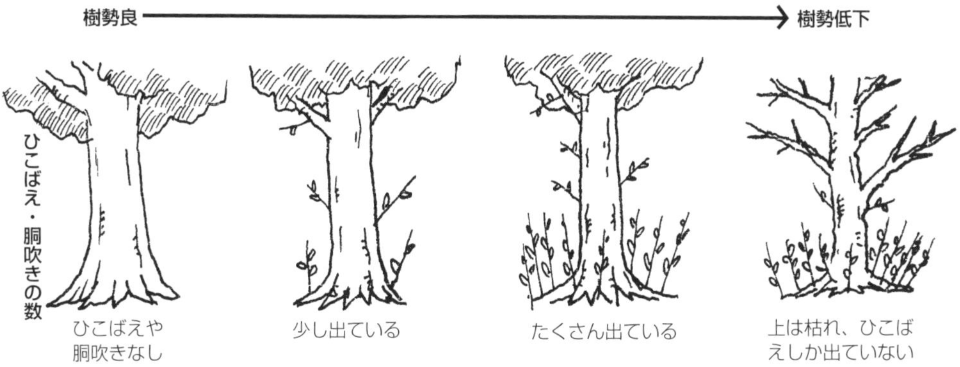
樹勢良
樹勢低下
ひこばえ・胴吹きの数
ひこばえや
胴吹きなし
少し出ている
たくさん出ている
上は枯れ、ひこば
えしか出ていない

マツはなぜひこばえや胴吹きを出さないのか

マツの芽は大きくしっかりしていてシンクイムシなどに侵されなければ、必ず発芽し枝になります。そのため、マツは休眠芽をほとんどもっていません。

また、広葉樹などは枝の枯れた跡や傷口に、新しい癒傷《ゆしょう》組織（これをカルスといいます）をすばやく発達させ傷口をふさごうとします。そのとき、その組織の一部の細胞が芽に変化して不定芽になることがあります。ですから広葉樹では枝の跡や傷からも胴吹き枝が出ます。

ところがマツは、枝が枯れたり切られたりした跡をふさごうとする癒傷組織がほとんどできません。形成層はカルスをつくろうとするのですが、マツのカルスは乾燥に極めて弱く、すぐに死んでしまうのです。そのため不定芽もできず、胴吹き枝も出ないのです。マツの剪定が難しいのは、そのことがひとつの原因となっています。

マツはカルスを発達させない代わりに、松やにをたくさん出して傷口を覆い、病原菌の侵入を防ぎます。傷口や枝の跡は、幹の年輪生長によってしだいに埋もれてゆくのです。

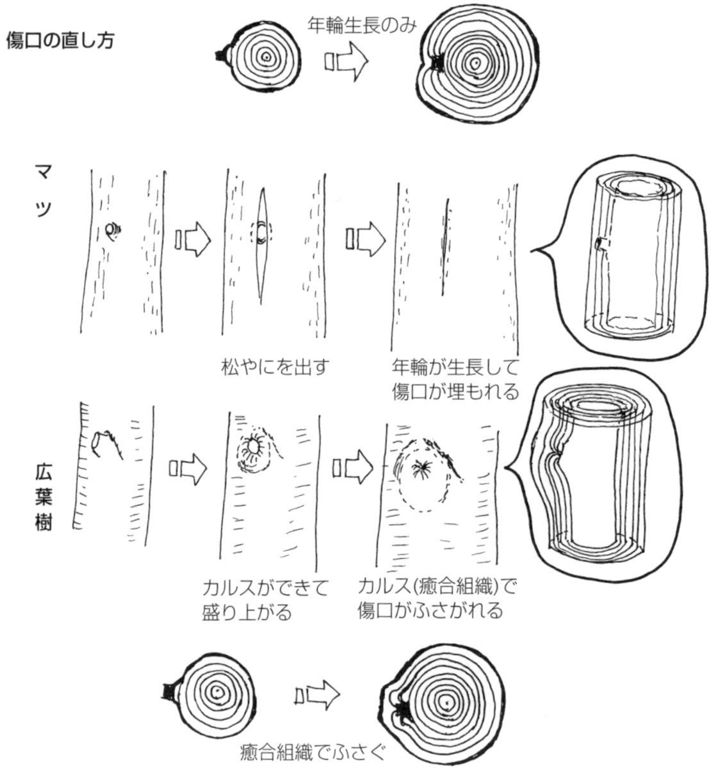
傷口の直し方
年輪生長のみ
マツ
松やにを出す
年輪が生長して
傷口が埋もれる
広葉樹
カルスができて
盛り上がる
カルス(癒合組織)で
傷口がふさがれる
癒合組織でふさぐ

こぶができない「すかし剪定（枝抜き剪定）」

枝先のこぶは、木にとっては剪定による傷口からの腐朽を防ごうとしてつくる大切な部分ですが、こぶ樹形はいかにも人工的で不自然な姿です。こぶができず、しかも腐朽しにくい剪定方法として「すかし剪定（枝抜き剪定）」があります。すかし剪定では、長く大きくなった枝を剪定するときに、切り落とす枝の代わりとなる枝の叉部で平行に切ります。

代わりとなる枝には、葉や芽がついており、剪定後はこの枝に養水分がより多く送られるため、新梢の伸びが良くなり葉数が増えます。すかし剪定では、この葉から糖が切り口部に送られるため、切り口の癒合も早くなり、腐朽しにくくなります。代わりとなった枝にたくさんの葉や芽がついていれば、切り口部から胴吹き芽が出ません。また、傷口は早くふさがり、茎葉の陰となるので不定芽もたくさんはつくられません。

数年後、この代わりとなった枝が大きくなったら、同じようにして代わりとなる枝を選びすかし剪定します。剪定する場所は前回とは違う箇所となるので、切口にこぶができることはなく、自然風の樹形を維持できます。

また、すかし剪定なら、花芽分化も支障なく行なわれるので、毎年美しい花が咲きます。

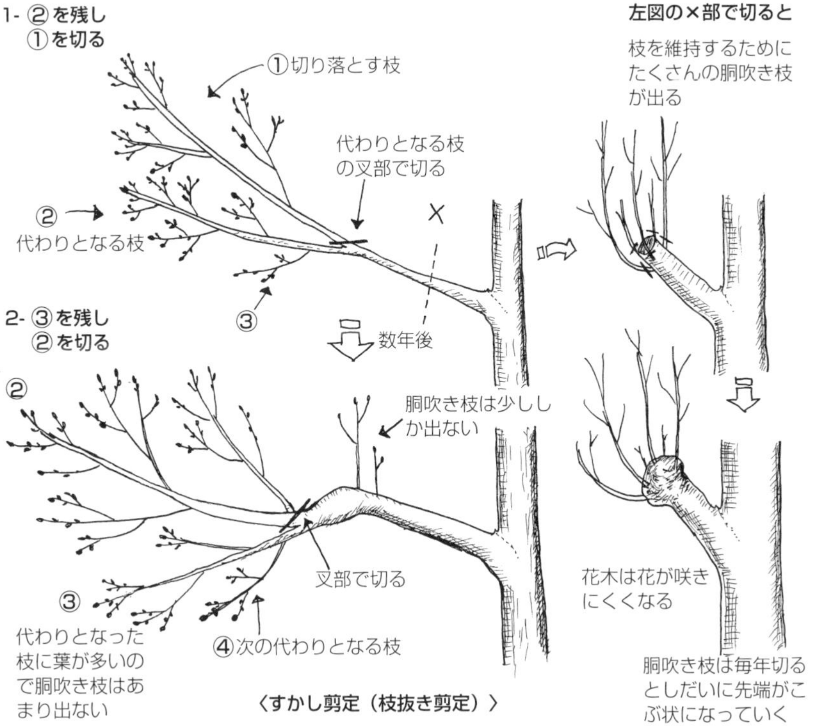

1- ②を残し
①を切る
①切り落とす枝
代わりとなる枝
の叉部で切る
×
②
代わりとなる枝
③
数年後
2- ③を残し
②を切る
②
胴吹き枝は少しし
か出ない
叉部で切る
③
代わりとなった
枝に葉が多いの
で胴吹き枝はあ
まり出ない
④次の代わりとなる枝
左図の×部で切ると
枝を維持するために
たくさんの胴吹き枝
が出る
花木は花が咲き
にくくなる
胴吹き枝は毎年切る
としだいに先端がこ
ぶ状になっていく

〈すかし剪定（枝抜き剪定）〉

異常な落葉への対処法

真夏の高温乾燥で落葉した場合の対処法

梅雨があけ真夏の太陽が照り続き、夕立も少ない年は、街路樹や公園に植えられている落葉広葉樹の葉がしおれて茶褐色に枯れたり異常落葉したりすることが少なくありません。街路樹や公園木の根元近くの土壌は、踏み固められていたりアスファルトで覆われていたりして、少々の雨では水がほとんど浸透しません。また梅雨季のような長雨のときは、水が速やかに下方へ移動しないため、表層近くの土壌孔隙の大部分が水で満たされて酸素が少なくなっており、養水分を吸収する細根は地表近くの浅い層に集中しています。

このような状態のとき、急に暑く乾燥した盛夏期を迎えると、細根は乾燥に耐えられずに枯れて、養水分吸収機能の低下により枝先が枯れたり異常落葉したりする現象が発生し、ときには枯れてしまいます。

対策としては、根が地中深くまで伸びることができるように割り竹などを根元周囲の土壌に深さ１m以上挿入すると良い効果が得られます。割り竹の挿入によって地中深くまで水が速やかに浸透し、空気が入ってくるようになると根は下方に伸び、真夏、地表近くが乾いても深い層が湿っていると、その水を求めてさらに深く伸びるようになります。

割り竹は、不透水層が深さ２m以内の浅い層にある場合は、その層を突き抜けるように挿入します。

木の診断と管理法
128

夏の高温乾燥に強くする対策

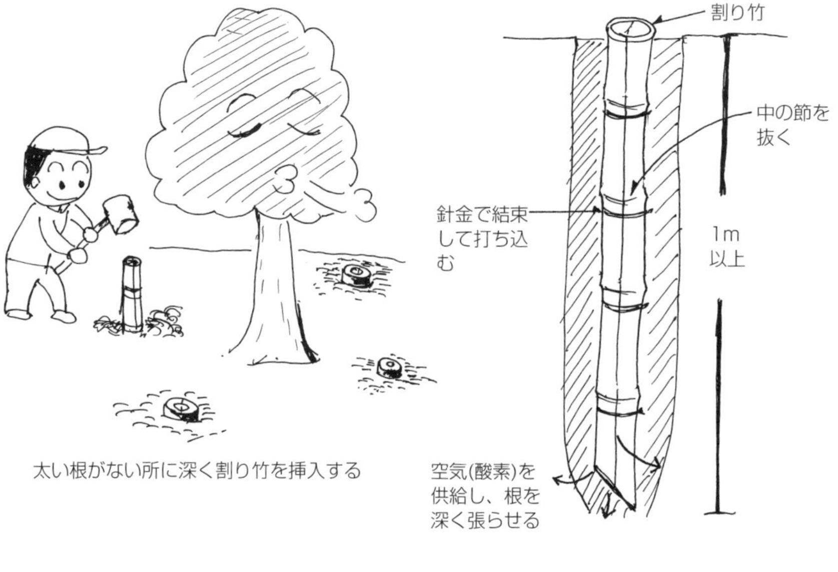
割り竹
中の節を抜く
針金で結束して打ち込む
1m以上
空気(酸素)を供給し、根を深く張らせる
太い根がない所に深く割り竹を挿入する

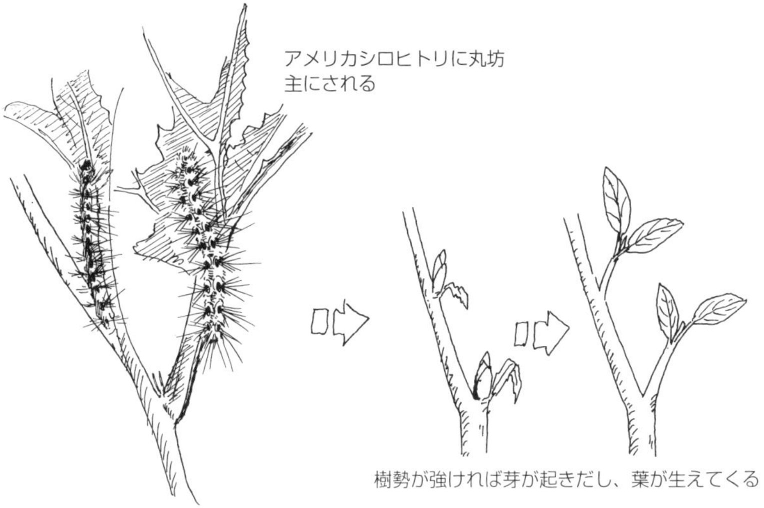

アメリカシロヒトリに丸坊主にされる
樹勢が強ければ芽が起きだし、葉が生えてくる

アメリカシロヒトリなどの害虫に丸坊主にされたら

害虫に葉を食べられてほとんど丸坊主にされても、それで枯れてしまうことはめったにありません。樹勢が強ければ、翌年の春に開くはずだった芽や休眠芽が起き出して、枝が伸び葉が生えてきます。そして秋までに翌年の芽を新しい枝につくります。でも、それが度重なると樹勢が悪化してほかの害虫や病気にかかりやすくなります。樹勢が本当に強ければ、害虫のほうも葉を食べるのをさけるので、丸坊主にされることはめったにありません。土壌改良や剪定量の軽減などにより、常に樹勢を高く保っておくことが大切です。

夏期の剪定は木を弱らす

台風による倒木防止などを目的に、伸びた新梢や若葉を剪定して落としてしまう夏期剪定は、害虫に葉を食べられるよりも大きなダメージを木に与えます。剪定されると大量の葉だけでなく葉腋や先端の芽も奪われ、残った枝にはたくさんの傷ができます。木は大急ぎで、傷口に防御組織を発達させて病原菌の侵入を防ぎ、休眠芽を目覚めさせ、また新たに不定芽もつくって胴吹き枝を出し、葉数を多くしようとします。

しかし、夏は樹体内の糖などの蓄積養分が最も低下している時期なので、これらを十分に行なうことができません。夏期に強い剪定をすると枯れてしまうことがあります。枯れなくとも樹勢が大変弱くなり、病害虫に対してもとても弱くなります。

夏の剪定は、込み過ぎた部分の枝や風で折れやすい入り皮の枝を中心に、軽く枝抜き剪定（すかし剪定）するくらいにしましょう。とくに樹勢が弱った木の夏期剪定はさけましょう。

枝の診断と手当て

枝枯れの診断

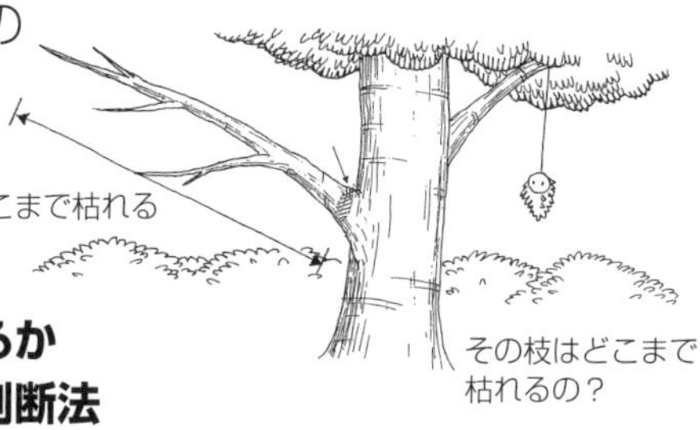
ここまで枯れる
その枝はどこまで
枯れるの？

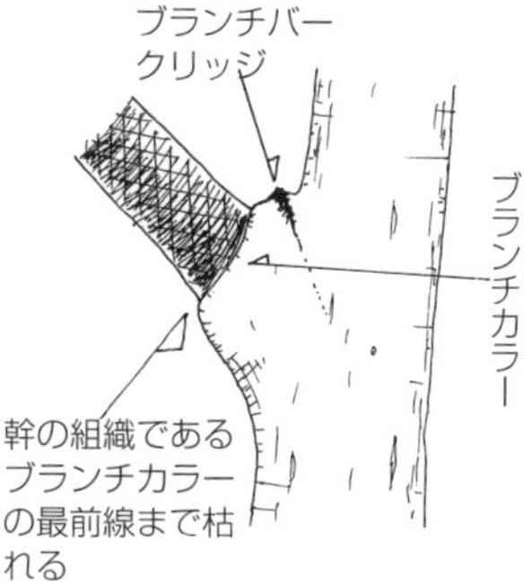
ブランチバー
クリッジ
ブランチカラー
幹の組織である
ブランチカラー
の最前線まで枯
れる

枯れているかどうかの判断法

冬、落葉した枝が生きているか枯れているかは、樹皮を少しはげば簡単に判別できます。高い所の枝については双眼鏡を使って芽を見ます。充実した芽がついていれば生きています。

枝が枯れるとどこまで枯れるか

枝はエネルギーに関しては独立採算性で、その枝に必要な糖分は、その枝についている葉でつくられます。枝はほかの枝がつくった糖分をもらうことはできません。だから、自分の分の糖をうまくつくりだせない枝は、その枝のつけ根まで枯れてしまいます。

木のほうも、光合成効率の悪い枝からチッソやミネラルを回収してから、その枝の分岐部で防御層をつくって遮断し養水分を送らなくするので、枝の枯れは早まります。

枝のつけ根には、その枝を支える組織（ブランチカラー）が張り出していますが、その組織の先端の線まで枯れます。しかし、その枝の途中に元気な小枝がある場合は、その小枝の軸と平行に小枝のブランチバークリッジの線近くまで枯れます。

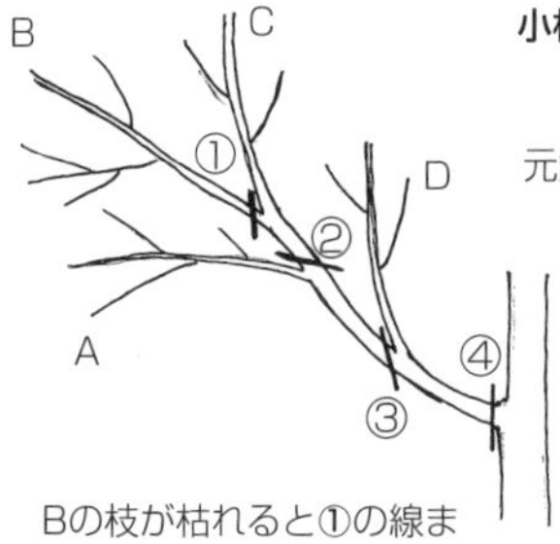
B
C
D
A
①
②
③
④

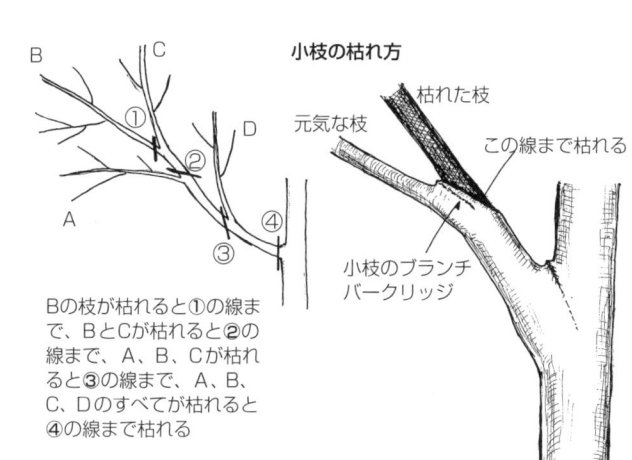

Bの枝が枯れると①の線まで、BとCが枯れると②の線まで、A、B、Cが枯れると③の線まで、A、B、C、Dのすべてが枯れると④の線まで枯れる

小枝の枯れ方

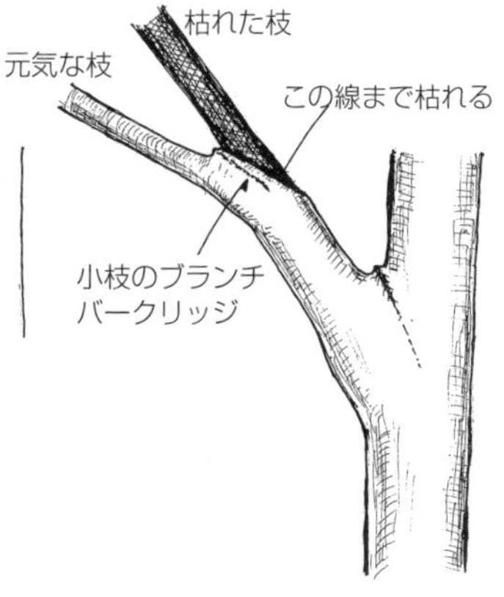
枯れた枝
元気な枝
この線まで枯れる
小枝のブランチ
バークリッジ

ヒノキは枯れ枝の枝打ちが必要、ケヤキは枯れ枝を自分で落とす

夏から初秋にかけてケヤキの木の下に行くと、枯れ枝がたくさん落ちています。これはケヤキが、その年に伸びた枝に覆われて光合成が十分に行なえなくなった中の枝を、自分で落としたのです。ケヤキの枝は、枯れて乾燥すると材が収縮して、まだ生きている部分との間に亀裂が生じます。そのときに少し強い風が吹くと、枯れ枝は簡単に落ちてしまいます。ケヤキは自分で余計な枯れ枝を整理しているのです。

これと反対に、枯れ枝をなかなか落とさない木がヒノキです。ヒノキは枝が枯れると葉はすぐに落ちてしまいますが、枝はそのまま長い間ついています。そのまま放置しておくと節の多い木になってしまい、また、枯れ枝から病原菌が幹の中に入って漏脂病や樹脂胴枯れ病のような病気を起こします。ですから、ヒノキの植林地では枝打ち作業は欠かすことができません。

ケヤキ
早めに自分で
カットしてよ！

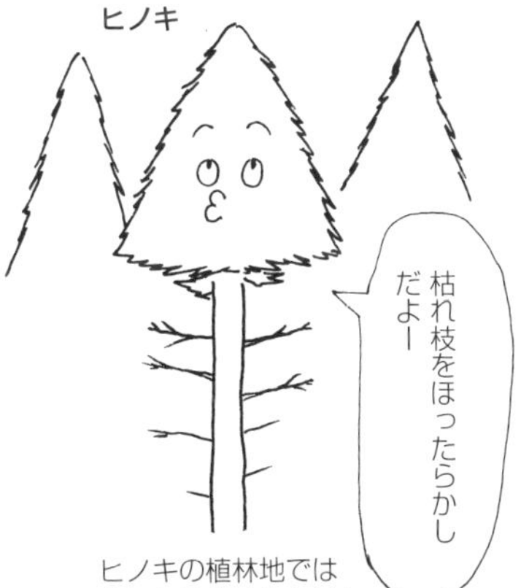
ヒノキ
枯れ枝をほったらかしだよー
ヒノキの植林地では
枝打ち作業は欠かせない

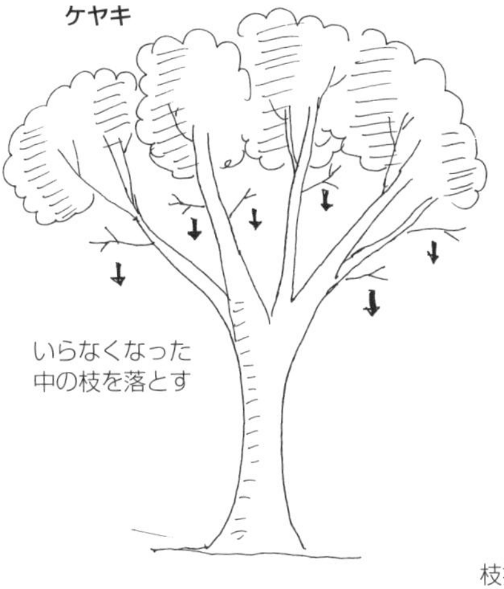
ケヤキ
いらなくなった
中の枝を落とす

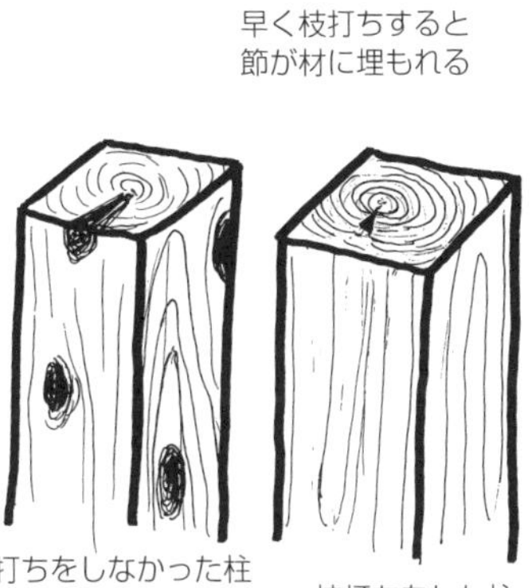
早く枝打ちすると
節が材に埋もれる
枝打ちをしなかった柱
(節が多い)

枝打ちをした柱

枝の枯れ方に注意

上部の枝が枯れているときは要注意

春から初秋までのよく晴れた日は、葉から蒸散が盛んに行なわれます。でも根が傷められたり、土が踏み固められて土壌中の酸素が不足したり、水が停滞したりすると、樹木は水を十分に吸い上げることができません。とくに重力に逆らって高い枝にまで水を上げるのは困難になり、上枝の葉が小さくなったり、枝が伸びなくなったり、葉が少なくなったりして、ついには枯れてしまいます。

これは次のような理由です。大気が葉から水を吸いとろうとする力と、根が土から水を吸いとろうとする力との間に釣り合いがとれなくなると、根から梢まで続いていた水の柱が途中で切れて、そこから上には水が上がらなくなるのです。

上枝から徐々に枝が枯れ下がってくる場合は、土の条件が悪くて、根が衰弱しているか、乾燥が厳しくて水が不足しているか、幹や枝の組織が病気にかかっているか、のいずれかが原因と考えられます。

上の枝が元気で下枝や中の枝が枯れているのは日陰になっているからで、これは木の自然な姿ですからあまり問題となりません。でも、下枝にも十分に日光が当たっているのに枯れている場合は、何かの病害虫か人間の誤った管理の影響と考えられます。

上枝が枯れている木は、土の条件が悪いか、根が弱っている証拠

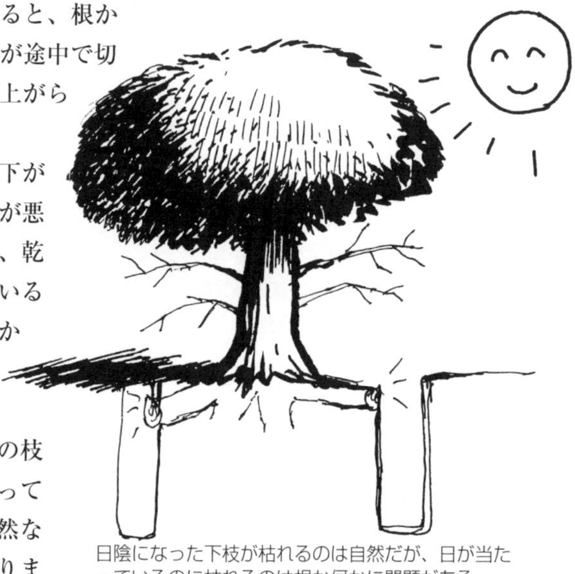

日陰になった下枝が枯れるのは自然だが、日が当たっているのに枯れるのは根か何かに問題がある

都市の砂漠化でスギが梢端枯れ

関東平野など大都市周辺の平地のスギ林では、梢端が枯れているのが目立ちます。この原因として酸性雨、光化学スモッグなどの大気汚染、落雷などいろいろな説がありますが、現在、最も有力だと考えられているのは大気の温暖化に伴う乾燥害です。大都市のヒートアイランド現象により、平野部では気温がかなり高くなっていますが、それに伴って大気も乾燥化しています。

そのうえ土壌の踏み固め、舗装、下水道整備、建物の密集、地下水位の低下などが加わって、土の中に水が入りにくい状態になっています。つまり大気も土も乾いて砂漠化しているのです。

スギは谷間のような場所を好み、とくに水を大量に必要とする木なので、梢端枯れが目立つようになったと考えられています。

スギの梢端枯れの原因は乾燥害が有力

スギはとくに水をたくさん必要とする木

雨が降ってもしみ込まない環境

周囲を踏み固めたり、落ち葉を掃いて裸地にしてしまうと、乾燥害になりやすい

幹・樹皮の診断と手当て

幹・樹皮の診断と手当て 1

幹の腐朽・空洞の診断

幹の紡錘形のふくらみは内部が腐っている可能性

木が腐るというのは、サルノコシカケなどの主にキノコを出す菌が木材を分解している状態です。腐朽部分はぼろぼろになり、そこが治ることはありません。でも元気な木は、そのまわりの幹を急いで太らせて重い体を支えます。木は幹が空洞になっても生きていけるのです。

外から見て傷や穴がなくても、幹がふくらんでいる場合は、幹の内部に腐朽菌がいて内部を腐らせている可能性があります。

木は樹幹にかかった風の力を大枝、幹、根と次々に伝えて、最後は土壌に逃がしますが、その間、体のどの部分でも応力が均等に働くようにしています。幹が腐朽すると腐った部分のまわりの材に荷重が集中します。過度に荷重が集中すると、そこで折れてしまうかも知れないので、木は最も大きな荷重のかかっている部分を急いで太らせます。木は力学的に弱い部分を補強するのです。木が急いで太らせた部分は

中が腐って
いるんだ

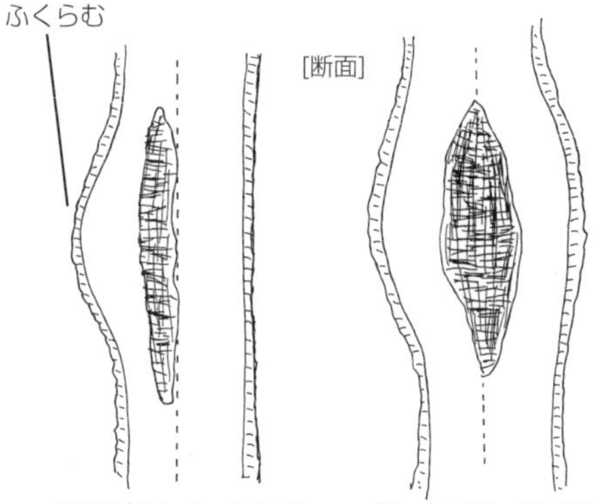
腐朽側の材
を太らせて
ふくらむ
[断面]

腐朽がかたよっている
ときのふくらみ

真ん中が腐っている
ときのふくらみ

古い樹皮が割れて中から新鮮な皮が出てくるので、縦縞のまだら模様になります。

サルノコシカケのようなキノコが出ていたり大きな穴があいたりしている木は、確実に中が腐朽しています。幹にふくらみがあったり、アリが巣をつくっていたりする場合も中が腐っている可能性があります。根元の傷や枝の切り跡からも菌が入りやすいので、ふ

くらみの大きさ、傷の有無などを注意深くチェックしましょう。

マツこぶ病、エンジュこぶ病など病原菌による形成層の異常な分裂の結果できたふくれは、腐朽とは関係ありませんが、そのようなふくらみは長期的には腐りやすい部分です。

褐色腐朽菌による腐れはふくらみがでにくい

腐朽によって幹がふくれる症状は、細胞壁の骨格であるセルロースと細胞壁を強化しているリグニンの両方を食べる白色腐朽菌が繁殖した場合です。リグニンを食べずにセルロースだけを食べる褐色腐朽菌の場合は、材に固さが残っているので、中が腐っていても幹がふくれないことがしばしばあります（116ページ参照）。

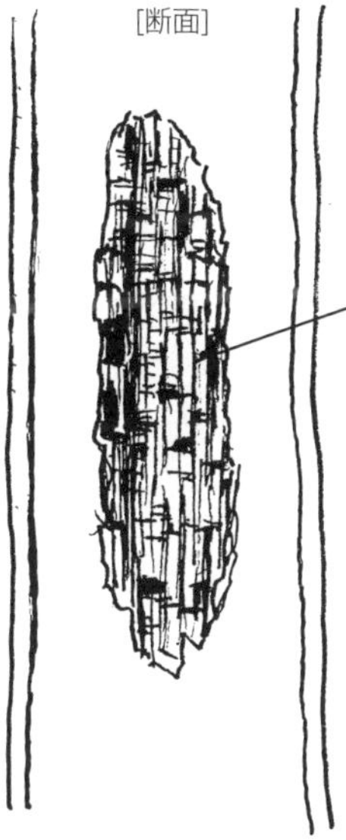

ふくらみができないので外観からはわかりにくい

樹皮の診断

樹皮の色でわかる健康状態

木は元気に育っているときは、どんどん新しい木の皮に入れ替わります。だから元気なときはみずみずしい肌をしています。年をとってくると、だんだん木の皮の入れ替わりが遅くなり、古い皮がいつまでもついています。コケや地衣類がつくのは、古い皮がずっとついている証拠です。

まだ若いのに古い皮のようにつやがない木は、弱っている証拠なので注意が必要です。若いサクラは、元気が良いときは幹の太り方が早いので、樹皮が横につっぱったようにつややかな色をしています。元気がなくなるとつやがなくなり、細い縦じわがたくさんできます。

古木では、幹の生長の速さが活力の高いところと低いところではっきりと分かれてきます。コルク層の厚い樹皮では、活力の高い部分のコルク層が縦に長く割れて中から新鮮な明るい色の樹皮が見えるようになります。コルク層の薄い樹皮をもつ樹木では、ひんぱんに樹皮がはがれ、中から新鮮な樹皮が現われ、まだら状の模様になるものが多くあります。

木の肌は、クロマツやクヌギのようにコルクが厚く発達した肌、サルスベリのつるつるの肌、トウカエデのように皮がそりぎみになってむける肌、ユ

幹の健康診断

元気
弱る

木の肌に傷はなくいきいきしている

ひび割れて皮がはげている

地衣類
コケ

木に活力がなく、古い樹皮がついたままだとコケや地衣類が生えてくる
コケや地衣類は自分で光合成をして栄養をつくる

ーカリの上下に長くむける肌といろいろあります。

こんな虫害症状には要注意

一般に、本来はなめらかなはずなのに表面がでこぼこになっていたり、みずみずしい肌のはずがからからに乾いた感じになっているのはよくありません。とくにでこぼこが著しいときはカミキリムシや、サクラの場合はコスカシバなどの穿孔虫の害が考えられます。

移植木の樹皮がガサガサに荒れているときは、強い日射に樹木が対応してコルク層を厚くしている可能性があります。

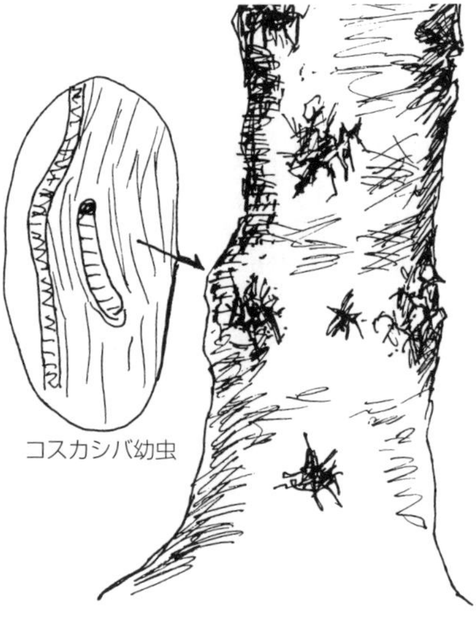
コスカシバ幼虫
コスカシバ（蛾の仲間）が穿孔した跡

幹・樹皮の診断と手当て｜3

腐朽部・空洞の外科手術は効果があるのか？

腐朽部の削り取りは逆効果

大枝や幹が強く剪定される、台風や雪で枝が折れる、車がぶつかって皮がはがれる、樹皮が胴枯れ病にかかる、カミキリムシやキクイムシが穴をあける、などの原因で樹木は傷つき、そこから腐朽菌が入り、材が腐って空洞化していきます。

腐ってできた部分や空洞の処置として、腐朽部を削り取ったり、防腐材を塗布したり、コンクリートやウレタンでふさいだり、トタンで屋根をつけたりする外科手術が、一般的に行なわれています。果たして本当に木のためになっているのでしょうか。

アメリカのシャイゴ博士は、健全な木は、腐朽が進行しないように腐朽菌を閉じ込めてしまう強力な壁をつくることを発見し、これまでの外科的治療法に疑問を呈しました。前述のように（118ページ参照）、木は腐朽が広がらないようにテルペン類、フェノール類、タンニン類、スベリンなどの物質を腐朽部分の周囲に蓄積して、とても固い壁をつくります。この壁ができると、さすがの材質腐朽菌もそれ以上広がることができにくくなります。

腐朽菌を除去したほうが良いと考えて、腐朽部と一緒にせっかく木がつくったこの壁を削り取ってしまうと、腐朽はかえって進んでしまいます。

材がぼろぼろに腐った部分を削っていくと、菌により変色した、まだ固い材が出てきます。この部分は菌が最も活動しているところなのですが、さらに削っていくと、健全な部分と腐朽材を区画する防御層や障壁帯が出てきます。この部分の色は変色材とあまり変わらないことが多く、誤って削り取ってしまいがちです。

空洞内の腐った
部分を削り…
防腐剤を塗っても効果
はあるのでしょうか

防腐剤の塗布のあやまち

空洞内の腐った部分を削って、そこに殺菌剤や防腐剤を塗る方法は効果があるのでしょうか。実は、防腐剤などを塗っても、樹体内の腐朽菌を殺すことはほとんどできません。防腐剤が材の中にしみこむには圧力をかけなければならず、生きた木に対してはとてもできない方法です。そのため防腐剤は表面のごく浅い層にしか届かず、材の中の菌を殺すことはできないのです。

腐朽部の外科手術の害

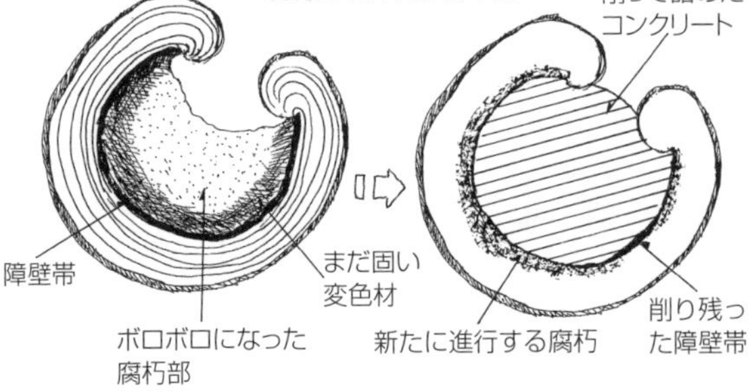
障壁帯
まだ固い
変色材
ボロボロになった
腐朽部
削って詰めた
コンクリート
新たに進行する腐朽
削り残った障壁帯

コンクリート詰めも百害あって一利なし

空洞にコンクリートを詰めても、幹の強度を補強することはできません。

木は風で幹が曲げられると幹の風下側の外周部分が圧縮され、風上側の外周部分は引っ張られます。つまり、幹の外側に近い所が常に圧縮や引っ張りの力を受け、幹の中心近くは樹体の重さ以外の力をあまり受けていないことになります。樹木の空洞に何かを詰めても、とくに引っ張りの力に対しては、ほとんど強度補強になりません。

圧縮に対しては、木に活力があればそれに備えるために自分で空洞の両側に円柱を立てて補強しようとします。詰め物は、かえってその円柱形成を阻害することになります。

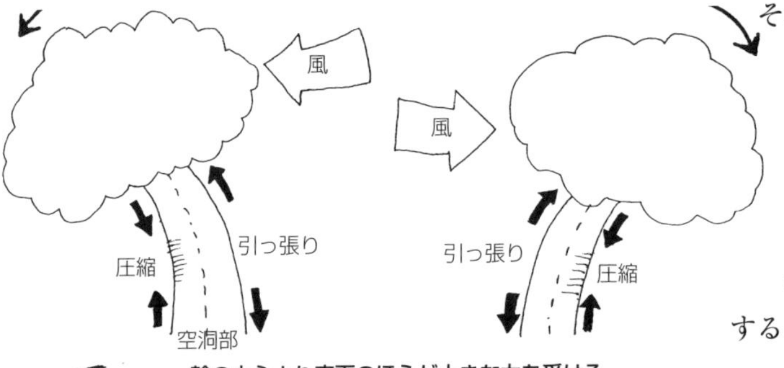
風
風
圧縮
引っ張り
空洞部
引っ張り
圧縮

幹の中心より表面のほうが大きな力を受ける

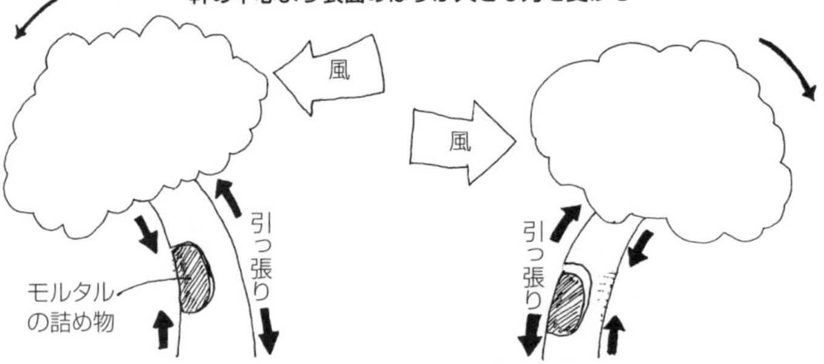
風
風
引っ張り
モルタルの詰め物
引っ張り

モルタルを詰めても引っ張りの力には弱い

空洞の両側の巻き込みは、物理的に最も弱い部分を木が補強しようとしているところなので、とくに傷つけないようにしましょう。空洞のわきの巻き込みは２本の太い円柱です。

空洞があっても長生きできる木はいくらでもあります。穴にはコウモリやフクロウなどたくさんの動物が住み着きます。むやみにふさがずに動物のすみかとして提供しましょう。

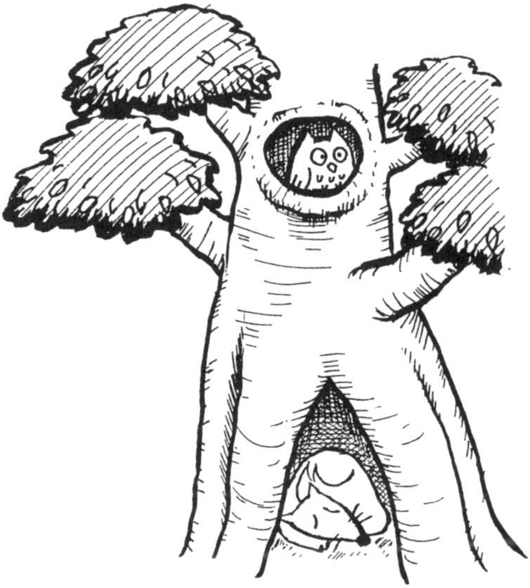

空洞はむやみにふさがず動物たちに提供しよう

防水キャップも効果なし

幹の先が枯れたので切断し、そこから雨が入ると腐朽が進むと思ってトタン板でふたをすることがありますが、水が穴にたまったからといって腐朽が広がるわけではありません。木に活力があれば、健全部と腐朽部は明確に区画され、腐朽菌が拡大するのを阻止します。むしろ水がたまると空気が遮断され、好気性菌である材質腐朽菌は繁殖できなくなります。水中貯木場は木を水に漬けることで木の腐朽を防いでいます。また、水がたまるということは、健全部と腐朽部が、水も漏らさぬほど完全に区画化されていることを意味します。空洞内の材が乾いていたとすれば、それは材の健全な部分に含まれている水が、まったく外へ出てこないほどしっかりと腐朽防御壁ができていることを意味します。

木は、絶えず水を吸っている生物です。生きている木に対して、材を腐らせないために乾燥させようと考えることがもともと無理なのです。

キャップは不要

水が穴にたまったからといって
腐朽が広がるわけではない

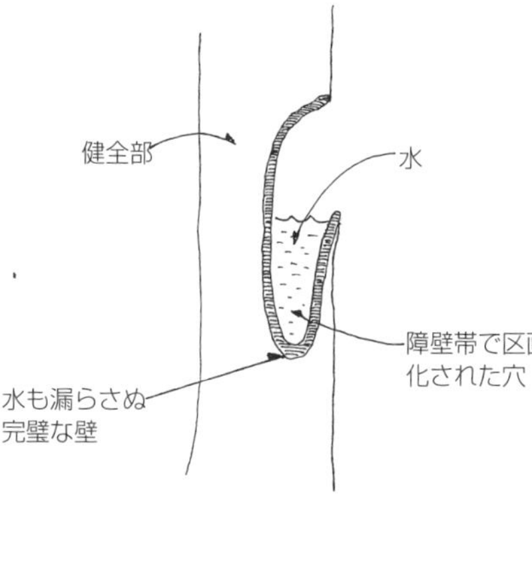
健全部
水
障壁帯で区画
化された穴
水も漏らさぬ
完璧な壁

栄養剤や薬剤の樹幹注入も問題

樹幹に栄養剤や薬剤を注入する方法がはやっていますが、この方法は樹木に大変なストレスを与えます。あけられた穴から病原菌が侵入するのを防いだり、道管や仮道管の中に空気が入らないようにするために木は穴の周囲に防御層を形成して健全な部分を外界と遮断しようとします。そのためには多大なエネルギーを使わなければなりませんが、元気な木であれば速やかに防御層を形成できます。しかし、元気のない木はそれがなかなかできません。栄養剤を注入しようとする木は元気のない木が多いので、かえって状態を悪くしてしまう可能性があります。

それに、せっかくあけた穴も、樹木が防御層をつくろうとするので、すぐに液体を注入することができなくなってしまいます。

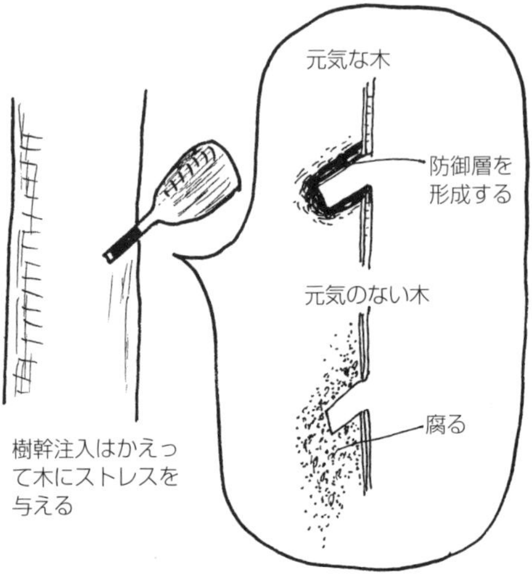
元気な木
防御層を
形成する
元気のない木
腐る
樹幹注入はかえって木にストレスを与える

腐朽しやすい木、腐朽しにくい木

木の種類によって腐朽しやすいものと腐朽しにくいものがあります。

ケヤキ、クスノキ、イチョウ、ヒノキなどは腐朽しにくい樹種で、シデ類やヤナギ、ポプラ、ニセアカシアなどは腐朽しやすい樹種ですが、それは程度の問題で、腐朽しにくい樹種も樹勢が不良だったり大きな傷ができたりすると腐朽しやすくります。

また、腐朽しやすい樹種も樹勢が強く、大きな傷ができなけば、腐朽菌も容易に侵入できず、また入っても強力な壁で拡大を阻止されてしまいます。

腐朽しにくい木といわれても…
程度による
もうだめ

根の診断と手当て

根は枝張り以上に張っている

根の診断と手当て 1

根の養生が第一

土壌環境によって根の形も変わる

根は、木の生長に必要な水を吸います。大きな木になればなるほど、水をたくさん必要とし、根を大きく広げなければならなくなります。水を吸うためには、たくさんのこまかな根が必要ですが、水分が豊富な場所に生えている木の根は、根をあまり広げなくても十分な水を得られるので、根張りはあまり大きく広がりません。逆に土壌が乾いているところでは根は深く広く張ります。

常時風が強く吹いている場所でも、木は倒れないように広く深く根を張ります。そのようなところでは、根は枝張りの何倍も広く伸びていることがあります。

木が大きくなっても根が十分に張れる広さと深さがあり、落ち葉が掃き除かれずに腐植が多く、団粒構造が発達している土壌環境が最高です。街路樹のように狭い植え桝に植えられていたり、根元のそばまでアスファルトで舗装されているのは、木にとっては極めて厳しい環境です。

また、根を配管工事などでひどく切られると、水を十分に吸えなくなるばかりか、さまざまな病気に侵されやすくなります。でも根の大部分は土の中にあって外からは見えないので、根が傷んでいるかどうかはなかなかわかりません。木のそばに建物ができたり、柵ができたり、道路工事が行なわれた

やわらかで落ち葉がある

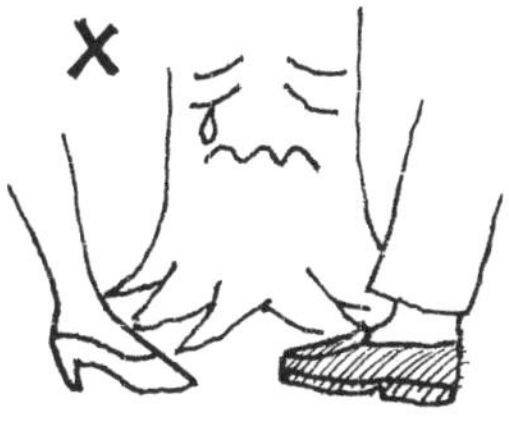

根元を踏まれる

アスファルト舗装

根を守る柵をつくるときに根を傷つけているかもしれません

りした所では、根が切られているかもしれません。本来木を守るために設けられる天然記念物の木の周囲の玉垣も、立派すぎるものは基礎工事のときに根を傷つけているかもしれません。

落ち葉を掃かないで

公園などではよく落ち葉を掃いていますが、そうすると落ち葉の中に含まれているチッソやミネラルの循環が絶たれ、腐植も形成されません。森林では樹木が吸収する無機養分の60%程度が落枝・落葉から供給されています。落ち葉を掃けば掃くほど土はやせていくのです。

そのうえ、落ち葉で覆われていないと表面が浸食を受けやすくなり、踏圧で固結しやすくなります。落ち葉は掃かずにそのままにしておくのが最も良いのですが、それができないところでも落ち葉を一カ所に集めて堆肥をつくり、土に返すことを考えてみたいものです。

一方、昔の松林のように、毎年落ち葉かきをして腐植を少なくして植生を維持してきたところでは、落ち葉かきをやめると植生が変わり、根と共生する菌根菌の活性も変わってしまいます。同じ状態を維持したい場合は落ち葉かきを続けなければなりません。

落ち葉掃きは土をやせさせ固くする

根元を踏み固めないで

土が踏み固められてしまうと、十分な水や酸素が入り込めず、根は水や酸素を吸うことができません。土壌動物

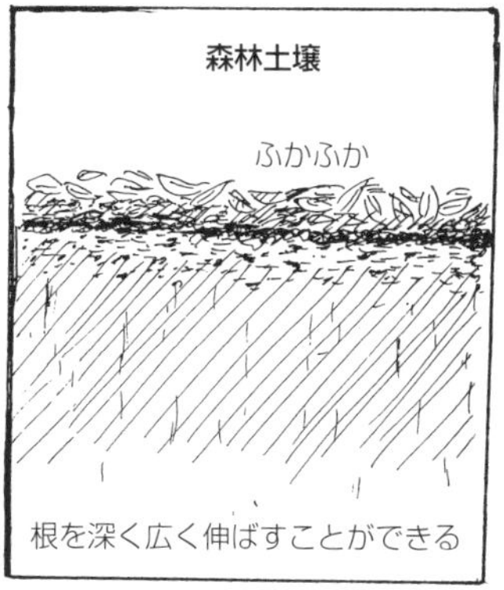
森林土壌
ふかふか
根を深く広く伸ばすことができる

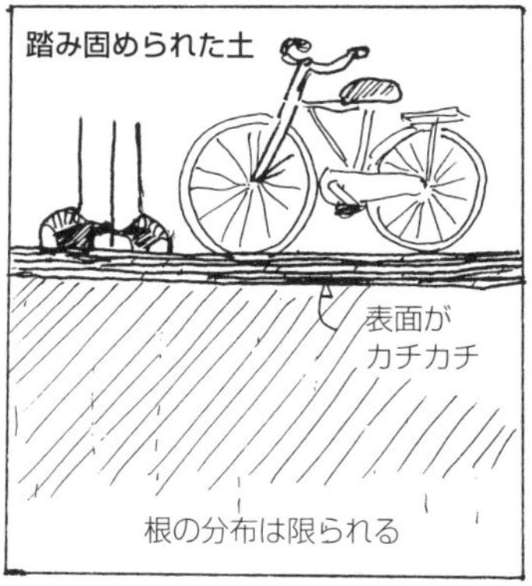
踏み固められた土
表面が
カチカチ
根の分布は限られる

[土の断面]

も住めなくなり、活力の乏しい土になります。根が広がっている範囲での踏み固め、建設工事、埋設工事などは、極力さけるようにしたいものです。

根の診断と手当て｜2

根を酸欠から守る手当て

ミミズがつくるふかふかの土

木を元気にするには、まず第一に豊かな土壌環境とすることです。良い土とは、ほどよい量の水と空気、さらに十分な量のチッソやミネラルが含まれている土です。

自然の豊かな森林土壌の表層は土：水：空気の割合（これを三相分布といいます）が 2.5：4.5：3 ほどといわれています。

このような土となるには腐植が必要です。腐植はミミズなどの土壌動物や微生物が落ち葉や枯れ枝、枯れ木を分解する過程でつくられます。

このサイクルが円滑に進むには、さまざまな生物が生活できる環境が必要です。

ミミズなどの土壌動物は落葉・落枝をこまかく砕き、菌類や細菌が分解するのを助けます。また、土壌動物は土中を移動して孔隙をたくさんつくるので、植物の根が伸びたり水や空気が入っていくのに大変重要です。腐植を土の中に混ぜる働きもあります。土壌動物は土を耕しているのです。

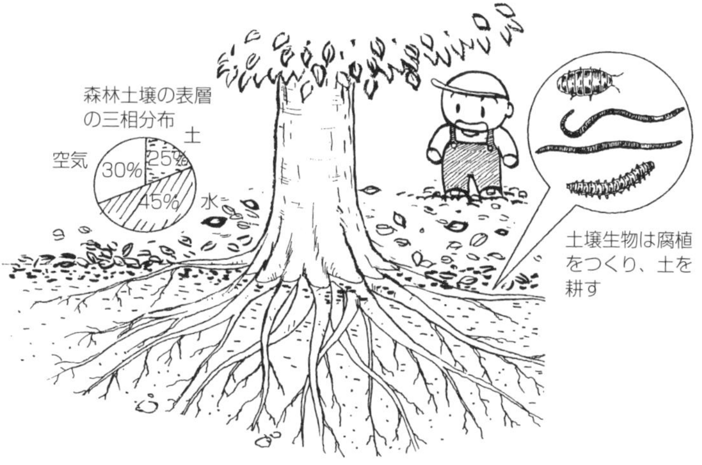
森林土壌の表層
の三相分布
土
空気
30%
25%
45%
水
土壌生物は腐植
をつくり、土を
耕す

水より空気を補給

水さえやれば木は元気になる、と思っていませんか？水のやり方によっては、逆に木を弱らせてしまう場合もあります。木には水も必要ですが、空気も必要です。根は水を吸収するときに、その水に含まれている酸素を取り込んで、その酸素で糖を燃やして生活のためのエネルギーを得ています（47、89～90ページ参照）。

水はけの良い土が良いといわれるのは、空気が十分あるからです。水たまりができるような土では、空気が乏しく、根は酸素を吸収できません。

毎日こまめに水をやるのは良いように思われがちですが、木にとってはあまり良いことではありません。こまめな水やりで土の中の空気が少なくなると、根は空気を求め地表近くに細根を発達させます。

地表近くに集中した根は乾燥に弱いので、水やりを忘れるとすぐに枯れてしまう恐れがあります。木は夏の乾燥期によく枯れますが、それは梅雨期の長雨で土壌が過湿になり、深い所の根の細根が酸欠で枯死し、浅い所に細根が集中したときに厳しい乾期がくるからです。こまめな水やりを一度始めたら、乾期が続く間は続けなければならなくなります。しかも根腐れしやすくなります。

水をやるときは、径の小さな穴を根の周囲に数カ所深くまであけて水はけを良くし、その穴に一度にたっぷりと注入しましょう。土が乾くときは表面から乾いていき、根は水を求めて下の層へ伸びていきます。深くまで根を誘導すると、乾燥が続いても木は乗り越えることができます。水やりは土壌が十分乾いて、これ以上乾くと葉がしおれてしまうかもしれないというときまで待ってから、たっぷりとかけてやります。

雨天や水やり時に、長く水たまりができる土では、根は酸素不足で根腐れしやすい

根の弱っている木への手当て法

根が弱る原因にはいくつかありますが、土が固くしまって通気透水性の不良が原因のときは、縦穴式土壌改良法が有効です。

根が伸びていると予想される範囲の内外に、深さ約１ｍ、直径15～50㎝ぐらいの穴を、太根を傷めないように数カ所掘り､完熟した堆肥を埋めます。前述（128ページ参照）のように割り竹を挿入して、竹輪のようにその周囲に堆肥を詰めるともっと効果的です。これを毎年場所を替えて行ないましょう。穴を掘るときは、太い根がない所を選びましょう。

ただし、おがくず、樹皮、生わらなどの未熟な有機物を埋めると、分解菌が自分の体をつくるのに必要なチッソを地中から取ってしまうので、植物はチッソを利用できなくなってチッソ不足になり、また有機物が分解するときに大量の酸素を消費して二酸化炭素を放出するので、根は酸欠状態になることがあります。

また、未熟な有機物はフザリウム菌、リゾクトニア菌、白紋羽病菌などの病原菌の繁殖場になることもあります。

太根を傷めないように穴を掘る

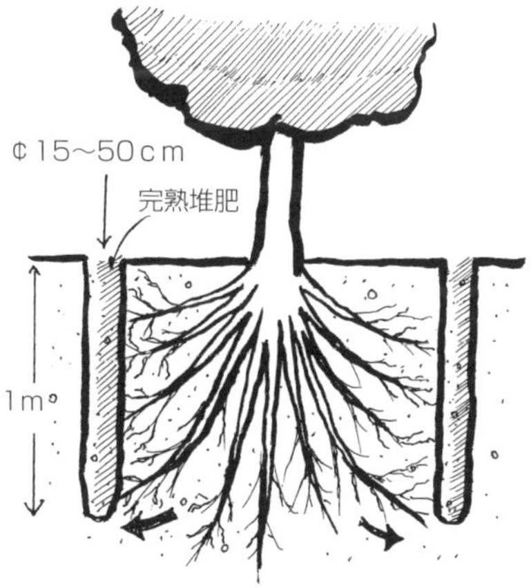
¢15～50cm
完熟堆肥
1m

穴をあけ、根を深く誘導する

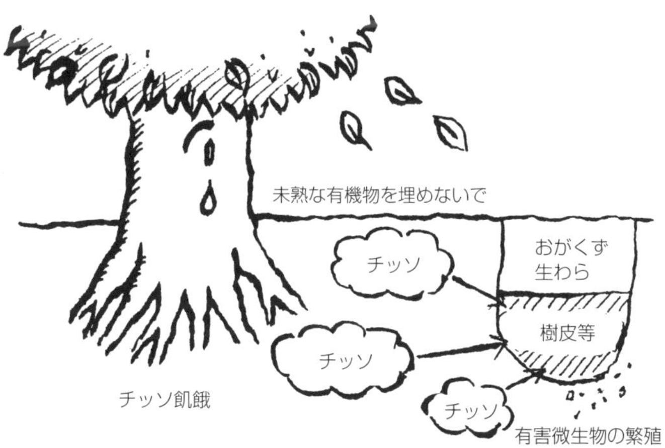
未熟な有機物を埋めないで
おがくず
生わら
樹皮等
チッソ
チッソ
チッソ
チッソ飢餓
有害微生物の繁殖

ソメイヨシノは美人薄命か

ソメイヨシノは人気者

春、サクラはいっせいに咲き、花見でにぎわいます。なかでもソメイヨシノはとくに人気があります。ソメイヨシノは、江戸時代にエドヒガンとオオシマザクラを交配した結果、両方の美しいところを受け継いで生まれた園芸品種です。だから人気が高く、全国各地に植えられています。

しかし、エドヒガンが約400年も長生きするものがあるのに対して、ソメイヨシノは多くが80年ぐらいで枯れてしまいます。ソメイヨシノは病害虫が多く、腐朽にも弱いので寿命が短いといわれています。オオシマザクラにも長命な木が少ないので、ソメイヨシノはオオシマザクラの性質を継いだのかもしれません。

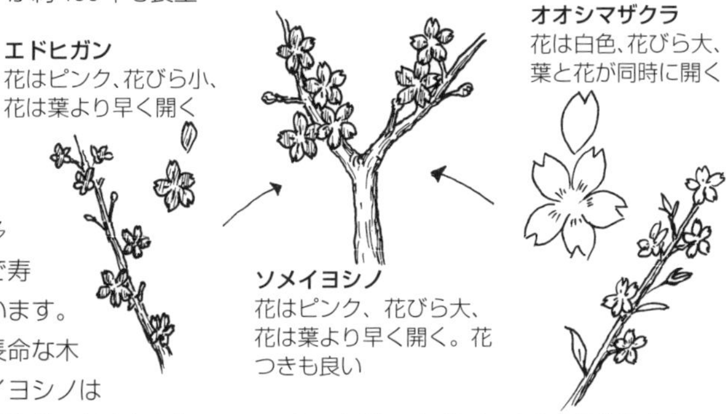
エドヒガン
花はピンク、花びら小、
花は葉より早く開く
オオシマザクラ
花は白色、花びら大、
葉と花が同時に開く
ソメイヨシノ
花はピンク、花びら大、
花は葉より早く開く。花
つきも良い

しかし、ソメイヨシノの寿命が短いのは、ソメイヨシノが植えられている環境も影響している可能性があります。ソメイヨシノを植えるのは花見を楽しむためですから、花盛りのときはたくさんの花見客が来て根元を踏み固めてしまいます。このことがソメイヨシノの病気や害虫を多くし、寿命を短くしていると考えられます。その証拠に根元が踏まれず、とても条件の良い所にあるソメイヨシノは、100年を超えてもとても元気です。現在、120年近くも生き続けている木がありますが、その木の植わっている所の土壌条件はとても良好に保たれています。

良い場所なら
もっと長生き
するのよ

花見客が根元を踏み固め、短命にさせてしまう

移植・植え付け法

移植・植え付け前の注意事項

植える場所や樹種を考えて

木はとても長生きで、大きくなる生き物です。木を植えるときは枝が将来、建物や電線などに触れたりせず、根ものびのびと広がることのできる広い場所に植えましょう。

この子のために
木を植えたいな
植える場所は慎重に選ぼう

木は大きくなる生き物。枝や根を伸ばせる広い所へ植えましょう

No!
寿命の近づいた木は移植しても早く枯らすだけ

移植の意味がない木、移植が不可能な木

寿命の近づいた木は、移植しても早く枯らすだけです。たとえばイチョウやケヤキは数百年生きますが、ソメイヨシノは80年も生きればかなり長生きのほうです。ですから、植えてから70〜80年経ったソメイヨシノの移植は意味がありません。シラカンバやポプラなども短命な木なので、大きく育った木を移植するのは意味がありません。

木の種類によっては、移植そのものが難しいものもあります。大きくなったユーカリは、移植がとても困難な木で、普通の方法ではまず不可能です。ユーカリの植林は、ポットで苗を育てて根を傷めない方法で植え付けます。

クスノキは若木よりも成木のほうが移植しやすい

クスノキはとても不思議な木です。普通、木は若木のときほど移植が容易で、大きな木になると移植が難しいのですが、クスノキは若木のほうが移植が難しく、大きな木になると移植しやすくなります。

クスノキの若い幹や若い枝は樹皮が緑色をしていて、盛んに光合成をしています。そして、しだいにコルク層が発達してきて、古い木では樹皮がひび割れた灰褐色をしています。クスノキは幹の樹皮がまだ緑色のときに移植をすると、幹からも盛んに蒸散をしているので幹の組織がしおれて死んでしまい、移植できません。

昔、樟脳をつくるためにクスノキを植林したときは、幹や枝からの蒸散を防ぐために若木の幹を切り捨て、根株だけを移植しました。今でも各地にクスノキの古い造林地が残っていますが、どこでも株立ち状態となっているのはそのためです。

大木となり樹皮のコルク層が発達して蒸散が抑制されれば、幹を切らなくても移植できるようになります。普通の木は、大木になって移植をされると枝の切り口や根の切り口から病原菌が入って、枝や幹の樹皮が死んで枯れてしまうか、枯れなくても、そこから腐朽が入って樹勢が著しく衰退します。ところがクスノキは、樟脳成分を多量に含んでいて、傷口から入ろうとする病害虫から身を守ります。そのため、移植によって体が弱ってもあまり胴枯れ病にかかりません。また、太根から新たに根（不定根）や枝を出す能力も高い状態が維持されます。

最近は、クスノキの苗をポットで養成して、そのまま根を切らずに移植する方法が発達してきたので、若木でも幹を切らずに移植されています。

ユーカリは、同じように殺菌成分をたくさんもっていますが、クスノキと違って大きな木の移植が不可能です。ユーカリの場合、大きくなっても幹肌で盛んに光合成をしており、幹の表面からの蒸散が盛んなことが、その原因のひとつと考えられます。

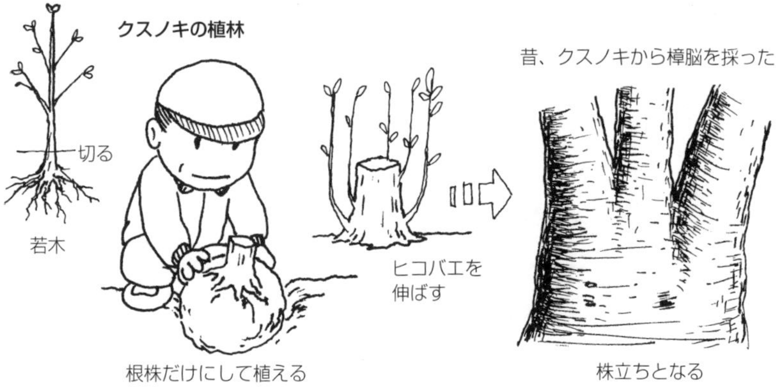
クスノキの植林
切る
若木
根株だけにして植える
ヒコバエを伸ばす
昔、クスノキから樟脳を採った
株立ちとなる

移植の前年に「根回し」を

移植は木にとても負担をかけます。移植のために根も葉も切られると、十分な生理機能を維持できなくなり、木はエネルギー不足になり、病気や害虫に対する抵抗力が弱まります。大きく樹冠を広げた木ほど根が広く伸びている可能性が高いので、移植作業で根を極度に切り詰めると枯れる危険性が高くなります。もし、どうしても移植する必要があるときは「根回し」という準備をしっかりしてから移植を行ないましょう。

根回しの方法

根回しは、いきなり移植せずに、あらかじめ根鉢より少し内側で根を切るか、太い根については皮を部分的にはがして埋め戻し、半年から2年ほど養生し、根元近くに新しい細い根をたくさん出させてから移植する方法です。こうすると、移植後の養水分の吸収力が低下せず、活着の可能性が高くなります。根回しは春、新葉が出る前に行なうのが最適です。春行なえば、早ければその年の夏には移植できます。

移植する際の根鉢の大きさは、根の張り方によって違いますが、直径が幹の根元直径の4～5倍、深さが幹の根元直径の1.5～2.5倍必要です。根鉢の大きさは、大きければ大きいほど根を傷めることが少なくなりますが、一方では崩れやすくなり、運搬も大変になります。根の張り方に応じた適正な大きさがあります。一般的に行なわれている断根法は根回しの際に、移植時の根鉢の直径よりも10～15cm内側を掘って､それよりも飛び出た根を全部切り、埋め戻して簡単な支柱をしておきます。そして、移植の際に、切り口から出てきた細い根を傷めないようにその外側を掘り、コモなどで根鉢を覆い、しっかりと根巻きをして移植します。

移植前に根を切って回していたので「根回し」となったとする説もある

根回しの寸法

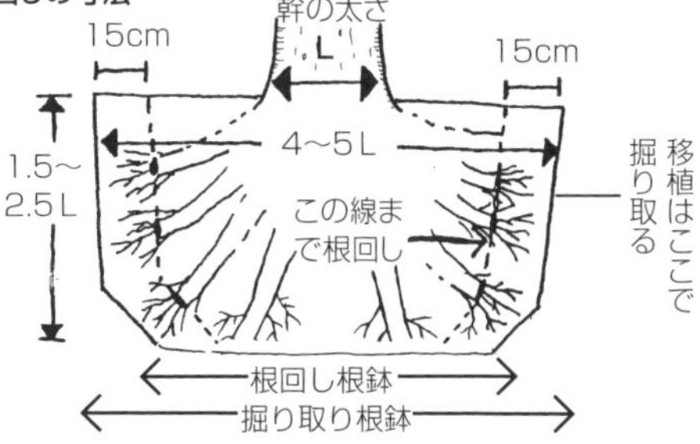
幹の太さ
L
15cm
15cm
1.5～2.5L
4～5L
この線まで根回し
移植はここで掘り取る
根回し根鉢
掘り取り根鉢

1年後、掘り取り、根鉢をしっかり根巻きをして移植する

大木の太根は環状剥皮

環状剥皮法は根回し技術の中でも最高の方法で、大径木の移植などに用いられます。原理は取り木と同じです。

まず、掘り取り根鉢の少し内側を根回し用根鉢として、周囲を掘ります。そこに出てくる根のうち、直径３～４㎝より細い根は鋭利な刃物できれいに切断し、切り口を汚さないようにします。３～４㎝より太い根は、根回し根鉢より外に出ている部分を幅15㎝ほどで樹皮を形成層まできれいに削り取ります。

環状剥皮された根では、幹から送られてくる糖や植物ホルモンが皮をはがされた部分より先へは運ばれず剥皮部の根元側に近い所にたまるので、それがエネルギーとなって発根が非常に促進されます。そこより先の根は糖が運ばれないのでいずれは枯れますが、しばらくは生きていて水、チッソ、ミネラルなどを幹のほうへ送ります。

そのため、移植の際の地上部の剪定は、極めて軽いものですませることができます。場合によっては無剪定ということも可能です。また、太い根が切られていないので、支柱をほとんどする必要がありません。

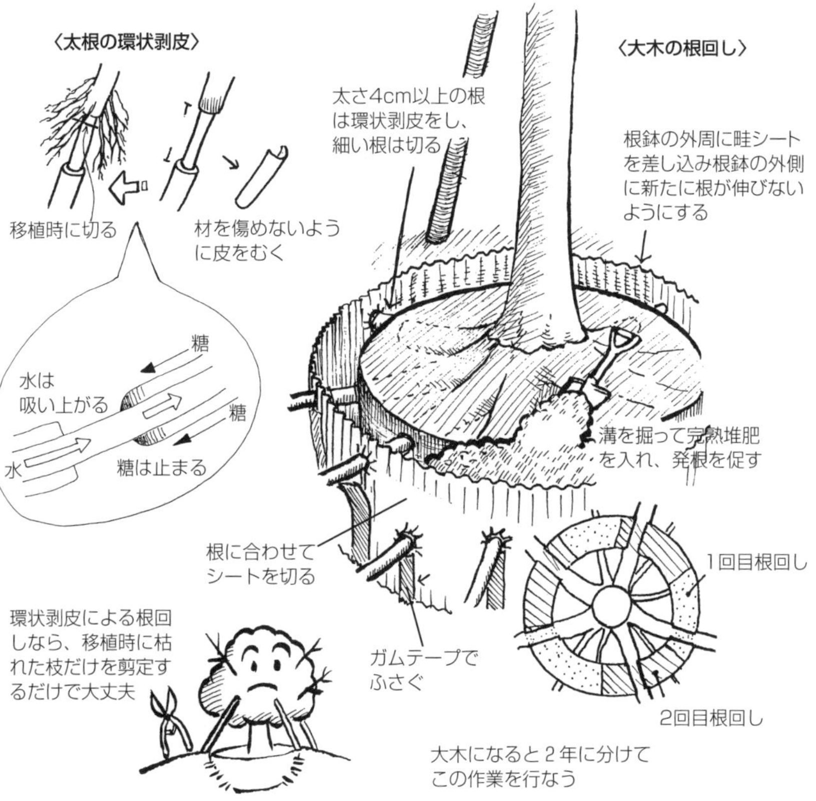
〈太根の環状剥皮〉
移植時に切る
材を傷めないように皮をむく
糖
水は吸い上がる
糖
水
糖は止まる
〈大木の根回し〉
太さ4cm以上の根は環状剥皮をし、細い根は切る
根鉢の外周に畦シートを差し込み根鉢の外側に新たに根が伸びないようにする
溝を掘って完熟堆肥を入れ、発根を促す
根に合わせてシートを切る
1回目根回し
環状剥皮による根回しなら、移植時に枯れた枝だけを剪定するだけで大丈夫
ガムテープでふさぐ
2回目根回し
大木になると２年に分けてこの作業を行なう

特殊な発根処理

根回しのときに、根の切断面や環状剥皮をした部分の根元側に発根促進剤を塗布します。発根促進剤は細胞分裂を促す働きをもつ植物ホルモンであるオーキシンの一種がよく使われます。

また、完熟した良質の堆肥を切り口や剥皮部の周囲に詰めます。堆肥には肥料効果があり、それによって発根が促進されますが、さらに堆肥が徐々に分解するときに微量の植物ホルモンがつくられ、それが発根を促します。

根回し作業が終わって埋め戻しをするときに、ごく薄い液肥を水の代わりに根鉢に散布するのも発根効果があります。

発根処理を施した環状剥皮による特殊な根回し

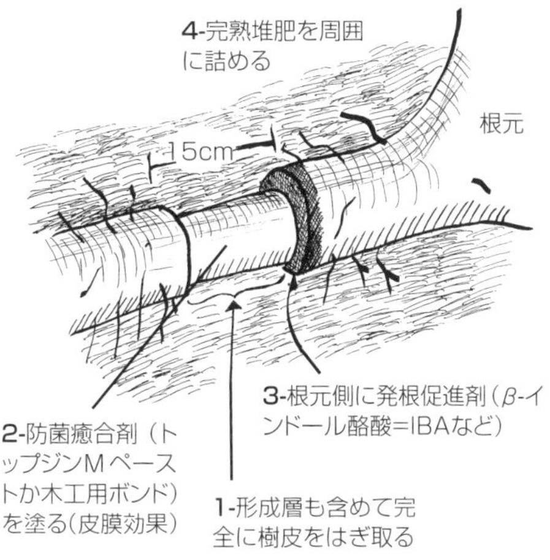

4-完熟堆肥を周囲に詰める
根元
15cm
3-根元側に発根促進剤（β-インドール酪酸＝IBAなど）
2-防菌癒合剤（トップジンMペーストか木工用ボンド）を塗る（皮膜効果）
1-形成層も含めて完全に樹皮をはぎ取る

移植・植え付け法 | 3

植え付け前の剪定と幹巻き

植え付け前の強剪定はさけたい

普通、木を移植するときは、かなり強い剪定をして葉の量を減らします。根を切るのだから葉も減らして水分の吸収と蒸散のバランスをとろうという考えからです。

しかし、強い剪定を行なうと、発根に必要な糖や各種アミノ酸、植物ホルモン、ビタミン類を生産する葉が極めて少なくなり、これらの生産能力を著しく減らしてしまいます。そのため木は幹、太根、大枝に蓄積していたエネルギーを総動員して、新しい根や枝葉を出そうとします。木の体力が十分な

移植時に強剪定すると逆効果

✕病虫害を受ける可能性大
✕以前の樹形がくずれてしまう
葉が少なく、エネルギーが足りない！
✕根を伸ばせない
根を切るのだから、枝もばっさり切って蒸散を抑えようとすると…

ていねいな根回しをしていれば、蒸散を抑えるための剪定は必要ない

ときは、なんとか根や葉が出て枯れずにすみますが、大きな傷口をふさいだり病原菌が入らないようにしたりする体力は残っていません。そのため、枝の切り口から胴枯れ病が広がり、そこから腐朽が進行して移植前の雄大な樹形は姿を消し、わずかに細々と生きるあわれな木になってしまいます。

移植のときも剪定はなるべく少なくし、可能な限り多くの枝葉を残しましょう。まったくの無剪定でも条件が良ければ移植できます。環状剥皮や特殊な発根処理を行なえばいっそう効果的です。移植木でも樹形を保存することが大切なのです。

樹種にもよりますが、基本的に木は根が切られると、それに対応した枝を自分で枯らします。人間がそれを予測して切ることは困難です。ていねいな根回しをして移植まで十分な時間をかけてやれば、蒸散を抑えるための剪定はほとんど必要ありません。ごく軽く支障となる枝を除くか、枯れ枝のみを除去すればよいのです。

枝や葉をなるべく多く残すことで、発根のために必要な糖分やほかの物質も得られます。

蒸散・日焼け防止の幹巻きは必要か

木を移植するとき、普通は幹にわらや麻布を巻きつけます。昔は泥を塗りつける泥巻きも行なわれました。

幹巻きの目的は、樹皮からの水分の蒸散を防ぐとともに、強い日差しから幹肌を守り、皮焼けを防ぐために行なわれます。移植作業では幹が傷ついたりすることが多いので、幹巻きはそれを防ぐ効果もあります。

でも、皮焼けが起きて樹幹が溝状に腐るのは、日差しだけが原因でなく、枝の強剪定によるエネルギー不足、枝の傷口からの胴枯れ病菌や腐朽菌の侵入も関係しています。とくに太い枝を切ると、その枝の下部にエネルギーが供給されずに、病原菌に対する抵抗力が弱くなって溝腐れが起きます。

幹巻きはなんのため?

幹巻きでは、このような溝腐れを防ぐことはできません。また、幹巻きは樹皮のコルク層の内側の皮層という組織で行なっている光合成を妨げ、休眠芽の発芽と生長も妨げることがあります。

移植後、木が活着したら、幹巻きはなるべく早く取り除くのがよいでしょう。

活着したら、
もう幹巻きをとってよー

深植えは禁物

植える深さは
どこまで？
1
2
3

深植えすると酸欠で根腐れ

根は生活のためにたくさんの酸素を必要としています。①のように深く植えすぎると、必要な酸素が足りなくなります。植えてから根元に土を厚くかぶせるのも同じことです。地面の浅い所と深い所では土に含まれている酸素の量がまったく違うので、深植えされた木は表面近くの浅い層に新しい根を出すことでようやく生き延びています。深い部分の根は根腐れを起こしています。その結果、木は徐々に弱っていきます。

深植えされても平気な木は、埋められた幹から新しい根を出していることが多くあります。これを二段根といいます。ただし、とても乾燥しやすく、深い層まで水はけの良い所では、①のように深植えしなければ植物が育たない場合もあります。

普通は②のように植えます。③の高植えは水はけの悪い場所では有効な方法です。根が十分生長できるように根鉢のまわりを広く盛り上げましょう。

深植えすると

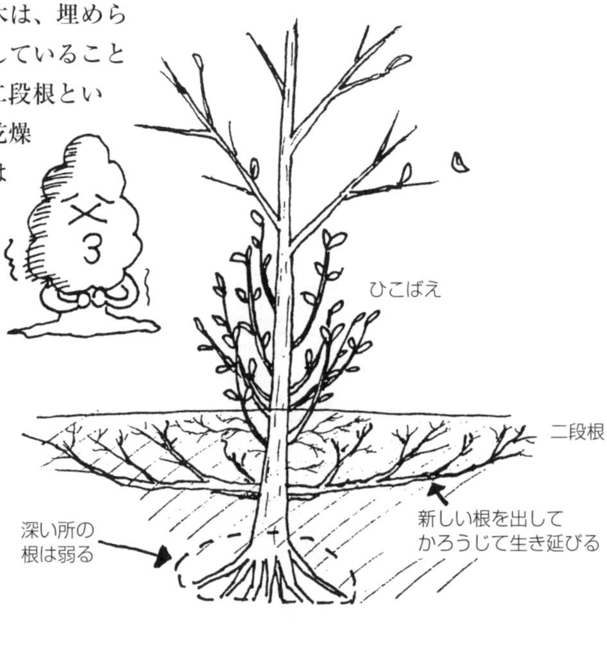
3
ひこばえ
二段根
新しい根を出して
かろうじて生き延びる
深い所の
根は弱る

樹種によって根の酸素要求度は違う

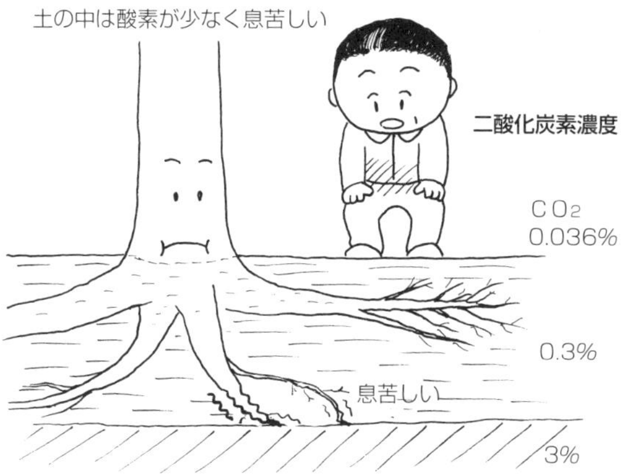

現在の大気中の二酸化炭素の濃度は0.036%ですが、土壌中の二酸化炭素の濃度は浅い所でも0.3%ほど、深い所では３％ほどになり、大気中よりも10～100倍多くなります。その分土壌中の空気に含まれる酸素は減少します。普通、土壌中の空気の二酸化炭素濃度が３％を超えると、根は生活できないといわれています。

木は種類によって根が求める酸素の量が異なります。たとえば、ヤナギの仲間は土壌中にほとんど空気が含まれていなくても、水にわずかな酸素が溶け込んでいれば、生活することができます。逆にアカマツは、土壌中に孔隙がたくさんあり、そこにたくさんの酸素が含まれていなければ、細根は死んでしまいます。

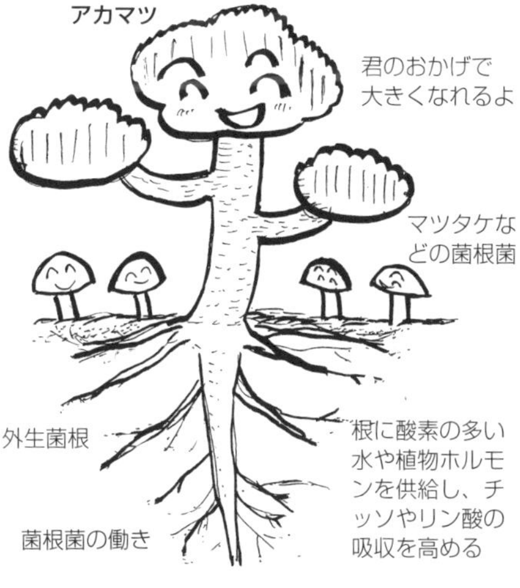

菌根菌との共生で土中深く張るアカマツの根

酸素要求度が高いアカマツも、菌根ができると大きく変わります。水はけが悪い所では育ちにくいアカマツも、外生菌根が発達して細根が菌糸のさや（菌鞘《きんしょう》）で覆われるようになると、土壌中のわずかなすき間や表層のほうに伸びた菌糸から、酸素の十分に溶けた水が送られてくるので、少々水はけが悪くても生活できるようになります。

土壌条件が良ければアカマツは根を深く発達させますが、その土壌に深く入り込んだ根には菌根が発達しています。

よく知られている外生菌根菌には、マツタケ、ハツタケ、ショウロ、イグチ、シメジなどがあります。外生菌根が形成されるとチッソやリン酸の吸収効率が高くなり、また菌根菌が生産するオーキシン、ジベレリン、サイトカイニンなどの植物ホルモンが木の生育状態を改善しています。

支柱がもたらす悲劇

ここが支点になり
割れやすい

支柱をつけてはいけない位置

支柱の仕方が悪いと、幹や枝に亀裂が入りやすくなります。また、支柱が食い込んだりシュロ縄が食い込んだりします。シュロ縄が食い込むと、食い込んだ部分は太くなりますが、飲み込まれたシュロ縄の部分では、材の組織はつながってなく環状に空洞があるのと同じ状態なので、その部分で折れやすくなります(18ページ参照)。

支柱は曲げ荷重がかかる位置をさけて

枝が横方向に伸びて途中から上に向かっている枝を支えるために、曲がっている部分によく支柱がされていますが、強風や雪で強い力を受けると、支柱が支点となってそこから先が下のほうに曲げ伸ばされ、軸方向に裂けることがあります。このような場合は支柱を複数にするのがよいでしょう。

この場合、支柱を複数にすると良い

長期間支柱で固定すると、根も幹も発達しない

根は養水分を吸収するだけでなく、木を支えるために発達します。幹は養水分の通り道となるだけでなく、樹冠を支えるために発達します。

幹が支柱によってしっかりと長い間固定されていると、根は幹を支える必要がないので発達せず、支柱をはずすと強風で簡単に倒れてしまいます。また、強く固定されていると、支柱より上は木の揺れに反応して幹が太くなりますが、固定された部分より下は揺れないので木が反応せず太くなりません。

支柱のあて木より上が太くなるのには、もうひとつ原因があります。あて木の部分では篩部が圧迫されて十分な糖を根元のほうに送ることができず、あて木部分の上でたまります。それがエネルギーとなって太くなるのです。

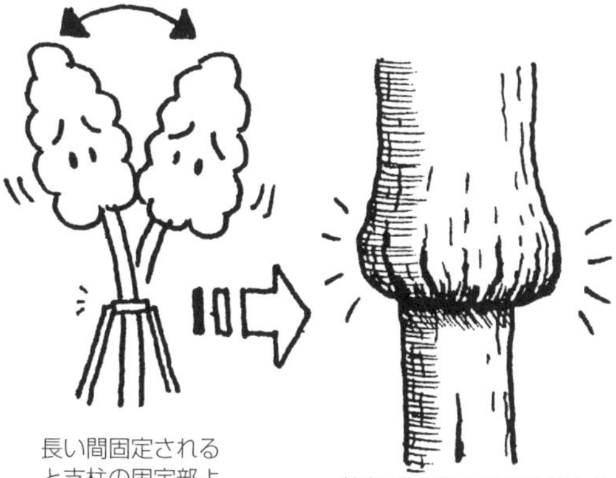

長い間固定されると支柱の固定部より下は太らない

篩部が圧迫されて糖が十分下へ転流できない

支柱が幹に飲み込まれる

長い間支柱をしていると、木は最初あて木をどけようとして、あて木の当たっている所の生長を旺盛にして押そうとします。でもそれができないとわかると、今度はあて木を飲み込もうとして、上下からおおいかぶさってきます。幹がくびれたのちに支柱をはずすと、木はその部分から折れないようにと急激に最も細く弱い部分を太らせます。支柱の横木が当たっていた所はほかよりも早く太くなるため、他の部分より出っ張ってくることがあります。

支柱は根の発達に応じて少しずつゆるめていき、十分に根が張ったら取りはずしましょう。

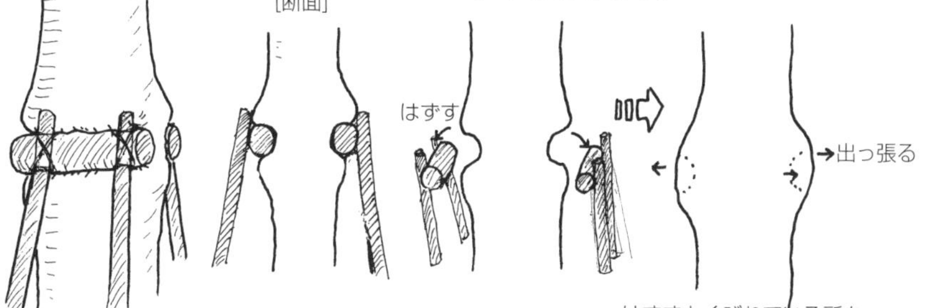

支柱を飲み込もうとする

はずすとくびれている所を補強するために急激に太る

丸太支柱よりもワイヤーブレースを

丸太支柱は木を下から押し上げるように支えますが、ワイヤーブレースは木を引っ張るように支えます。丸太支柱と違ってワイヤーブレースは、ワイヤーをぴんと張らずに少々ゆるめておくことができるので、木は風が吹くと揺れます。この揺れに対して木は反応して自分の体を支えるのに必要な根を発達させます。

おすすめワイヤーブレース

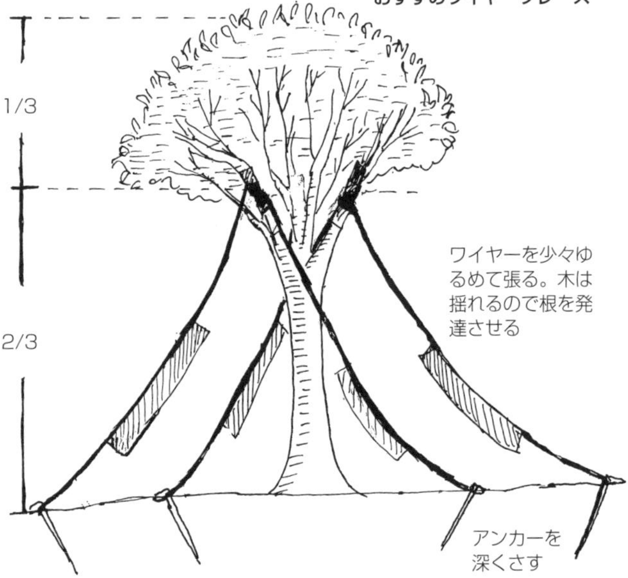
1/3
2/3
ワイヤーを少々ゆるめて張る。木は揺れるので根を発達させる
アンカーを深くさす

丸太支柱だと木が固定されてしまうので、木はそれに安住してしまい支持根を十分に発達させなくなります。

支柱は、ワイヤーで行なうほうが、長い目でみれば木の根の張りを大きくします。しかし、丸太支柱、ワイヤーブレースのいずれも幹や大枝に巻きつけている部分が食い込まないように、時々取り外したり、場所を変えたりする必要があります。また、根が十分に発達したら、速やかに取り外すことが肝要です。

支えた分だけ伸びる枝

横枝に支柱をすると、どんどん枝の先が伸びていくことがあります。支柱をされると枝は揺れなくなるので、木が自分で支えられる以上の長さに枝を

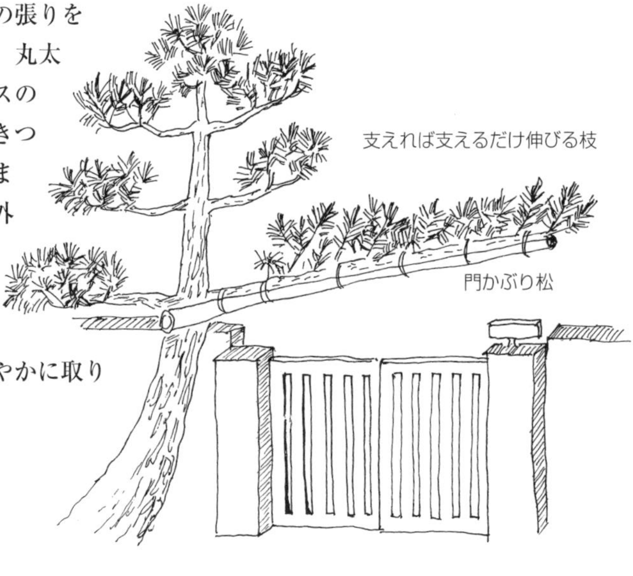
支えれば支えるだけ伸びる枝
門かぶり松

伸ばすことが可能になります。これは枝が揺れなくなったために、枝の伸びを抑えていたエチレン（植物ホルモンの一種）の生産が減少し、伸びが促進されるためです。

日本風の門の上にクロマツやイヌマキの枝が伸びているのを見かけることがありますが、これは枝をタケなどで固定したために、先端の伸びが促進され、それを次々にタケにしばりつけていくことによってできます。人間が支柱をすれば、幹や枝は支柱をあてにして幹や枝を長く伸ばすのです。

叉部の裂け防止のための支柱

双幹の叉や幹と枝の叉の部分に樹皮がはさまる現象を「入り皮」といいます（38～39ページ参照）。入り皮の叉は、幹と枝の材がくっついてなく、力学的にはとても弱く、風や雪でその部分から裂けやすい状態となります。それをさけるには、幹同士や幹と枝をワイヤーロープで結びつけるか、叉の部分に穴をあけて鉄棒を差し込み、ナットで止める方法があります。

鉄棒を差し込む方法は、欧米では盛んに行なわれていますが、日本の造園や緑化の現場ではほとんど行なわれていません。しかし、果樹園などではしばしば行なわれます。

この鉄棒を差し込む方法は、樹勢が旺盛な木でないとナットの上に樹皮がかぶさってこなく、かえって腐朽の原因になったりします。

残念なことに日本の果樹園は開花結実をよくしたり樹高を低くして作業をしやすくするために、常に強度の剪定をしているので、樹勢の不良な木が多く、鉄棒を刺し込んだ所から胴枯れ病が入って腐朽している木が珍しくありません。

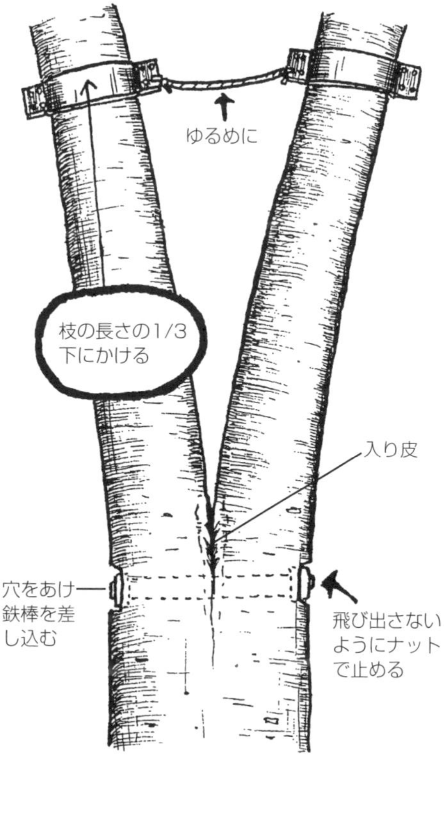

誤った剪定と正しい剪定

木にダメージを与える
強剪定

強剪定は病気の始まり

庭木や街路樹が、枝葉や根をひどく切られ、大きな傷口をさらしている姿がよく見られます。木を平気で切ってしまうのは、枝や根が再生可能だから少々切っても大丈夫だ、伸び放題の木は暴れ木でみにくい、木は形をつくらなければならない、大きくなってじゃまだ、こまかな剪定は手間がかかりすぎるなどの考えによっています。また太い枝を切ると、切った後に幹や大枝から出てくる萌芽枝の伸びは旺盛なため、木は切れば切るほど樹勢がかえって強くなると考える人も少なくありません。

樹木にとっては、葉、枝、幹、根のいずれも重要で、どの部分に欠陥が生じても生命にかかわる問題です。そのなかで、樹木にとってエネルギーを生み出してくれるのは葉です。葉を大量に取ってしまう剪定は、確実に木を弱らせ、病害虫に対する抵抗性を弱めてしまい

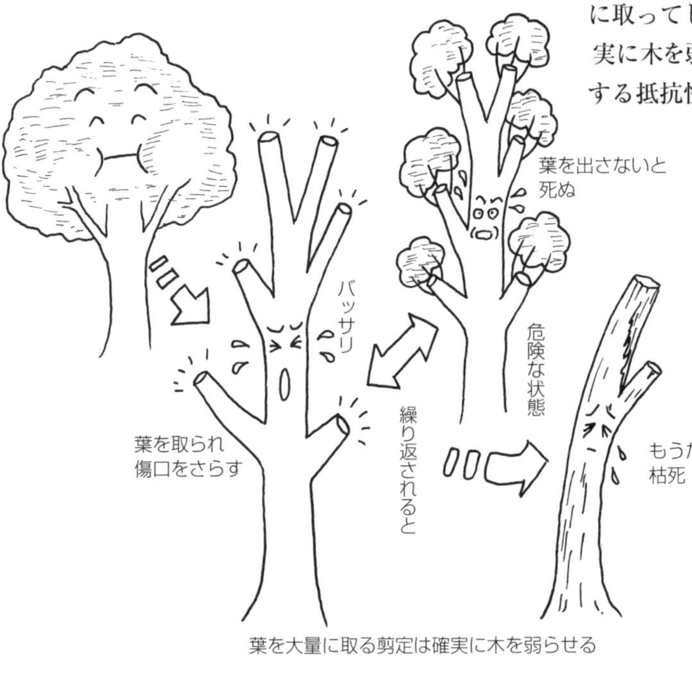

葉を大量に取る剪定は確実に木を弱らせる

ます。胴吹き枝の生長が旺盛なのは、急激な枝葉の減少に危機感をもった樹木が、樹体内に貯えているエネルギーを使って急いで葉を出そうとしているからで、実は木にとっては危険な状態なのです。

強剪定を繰り返していると、樹木は貯えを使い果たし、胴吹き枝やひこばえを出すこともできなくなり、枯れてしまいます。

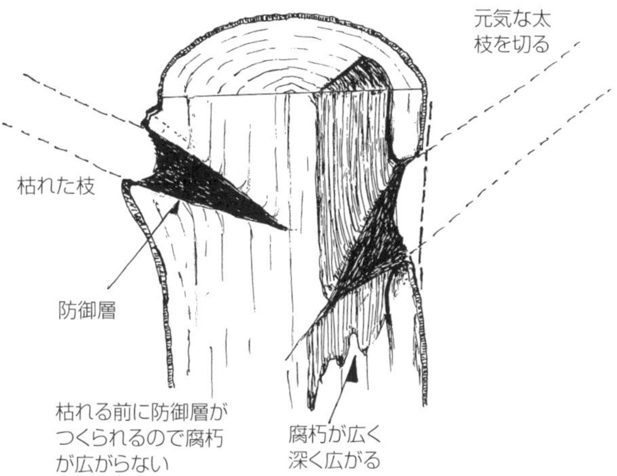
元気な太
枝を切る
枯れた枝
防御層
枯れる前に防御層が
つくられるので腐朽
が広がらない
腐朽が広く
深く広がる

大枝を切ると なぜ腐朽しやすいのか？

元気な大枝はたくさんの葉をもっています。葉は盛んに光合成をして、砂糖やデンプン、アミノ酸、酵素、植物ホルモン、ビタミンなどをつくって幹のほうに送り込んでいます。その大枝を切ると、とくにその大枝のすぐ下の部分がエネルギー不足になり、弱ってしまいます。幹のまわりからすぐにエネルギーの補給を受けられればよいのですが、それが間に合わないと、枝の下の部分が病原菌に侵されて、溝状に腐ってしまいます。

自然の木も生長する過程で無数の枝を落としています。枝が枯れて落ちるたびに、その傷口から病原菌が入っていたのでは、樹木は大きくなることができません。

木は枝が枯れても病原菌が体内に入らないように努力します。それが枝の基部でつくられる防御層（118ページ参照）です。この防御層にはフェノール、ポリフェノール、テルペンなどの物質が集積され、腐朽菌に対して強力な防衛組織となっています。

木は枝に元気がなくなると枝からチッソやミネラルを幹のほうに回収し、それから枝の基部にこの防御層をつくります。この防御層がつくられると、水の通りも遮断されてしまい、枝の枯れが早くなります。木は弱った枝を自分で枯らすのです。枝が弱り始めてから形成されるブランチカラーの組織は、枝の下にも幹のほうから栄養が供給されるように配列を変えます。

元気な大枝の強剪定は木に事前の予告通知なしに枝を切るので、あらかじめ防御壁をつくる時間がありません。そのうえ、その枝から光合成生産物の供給を受けていた部分への糖などの供給が停止するので、病害虫に抵抗する体力も奪われ、切り口から腐朽菌が侵入しやすくなります。

幹が腐朽し根も枯れる断幹

最もひどい剪定は太い幹を途中で切ることです。これを断幹といいます。最近、屋敷林の大木の幹が、むざんにも切断されているのをよくみかけるようになりました。枯れ葉がじゃまだ、日陰で暗い、枝がじゃまだ、カラスが巣をつくる、小鳥がとまってふんをすると自動車が汚れる、などの理由で伐られています。

通直に伸びて地上10mほどで枝分かれして枝葉を広げているケヤキの場合、幹が切断されると、残された幹には枝葉がまったくなくなってしまいます。そこで木はあわてて胴吹き枝をたくさん出しますが、幹の全部を養うだけのエネルギーはとうていつくれません。そして、切断された所から10〜20㎝ほど枯れ下がり、胴吹き枝によってエネルギーを供給されている部分は生き残りますが、胴吹き枝の出なかった部分は溝状に枯れ下がってしまいます。

さらに外からは見えませんが、中では材の腐朽が進行し、空洞化が進みます。そして、土中に張った太い根も十分にエネルギーが供給されないために枯れ、根株が腐って倒伏する危険も高くなります。木の幹の切断は、樹木にとってとても過酷なしうちです。

雑木林のナラやクヌギなどでは、薪炭材を得るため幹を伐採してきましたが、伐採はなるべく低い位置で行ないました。切り株はいずれ腐ってしまいますが、そこから出るひこばえには腐朽はほとんど入らず、倒れる心配もありません。

徒長枝もむやみに切るべからず

剪定をすると、直立ぎみに伸びる細い枝が出やすくなります。このような枝を徒長枝といいます。徒長枝は樹形を乱したり花芽がついていないという

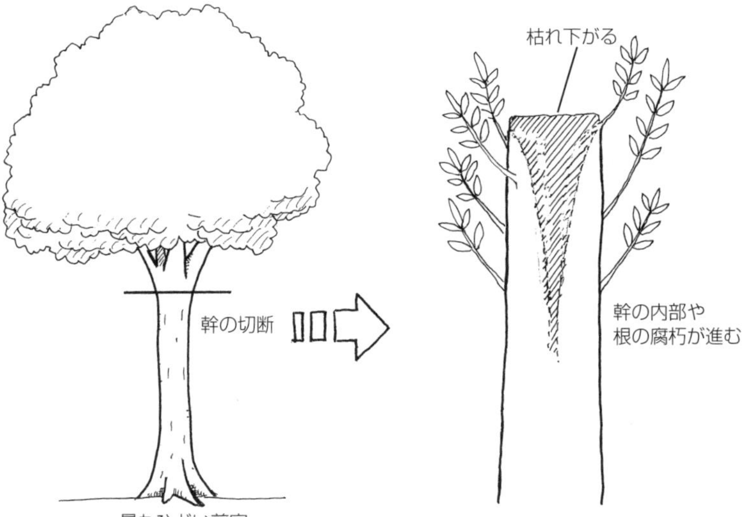
幹の切断
枯れ下がる
幹の内部や
根の腐朽が進む

最もひどい剪定

理由で、すぐに切られることが多いのですが、切り過ぎると木にとってはダメージとなります。

たとえば、ウメには長枝と短枝があります。長枝は普通、花がつきにくいので徒長枝といわれます。そして、徒長枝は花つきが悪いからと剪定されます。しかし、この徒長枝は木にとってはとても大切なものなのです。徒長枝は大きな葉をつけ、効率よく光合成をしてエネルギーを生産する大切な場所なのです。短枝には花や実がつきますが、そのために多大なエネルギーを消費しています。短枝は、生産するよりも消費するほうが大きい枝です。この消費を補ってくれるのが、徒長枝なのです。

晩秋から冬に徒長枝を切って花や実をつける枝だけを残そうとすると、樹勢を悪くすることになり、結局花や実のつきも悪くなります。

徒長枝
花つきは悪いが
盛んに糖を生産
花や実に糖やアミノ
酸を送る
短い枝
徒長枝を切ると
実も充実しない

徒長枝を発生させない剪定を

徒長枝は、剪定で切り落とされ少なくなった葉（芽）を、急いで増やそうとして伸ばした重要な枝です。徒長枝は全部除くのではなく、日当たりを考えて込み合ったものを間引き、最低でも3割くらいは残すようにします。樹勢の弱くなった木ほど積極的に多く残し、数年して樹勢が回復してから、勢いの良い枝を残すようにします。

庭木などで、直立ぎみに伸びた枝が樹形を乱して見栄えが悪くなった場合は、晩秋から冬に、枝元の腋芽の2～3芽を残して切り詰め、その芽から伸びる枝で樹形をつくっていくと良いでしょう。

いずれにしても、剪定後に徒長枝がたくさん出るほど、木に負担を多くかけた好ましくない剪定だったといえます。前述の枝抜き剪定（すかし剪定）の場合は、切った先に葉（芽）が多く残るので、あまり徒長枝が発生しません（127ページ参照）。

強剪定すると徒長枝がたく
さん伸びる
見栄えが悪いからといって
むやみに切ると樹勢が悪く
なる

枝や幹の正しい剪定位置

①
③
②
どこを切ったら
いいのかな？

切り口を早く癒合させる正しい枝の剪定位置

枝と幹は分岐した後、互いに組織が交錯しながら肥大生長しますが、常に幹の組織が枝を支えるように張り出しています（37ページ参照）。枝が枯れるときは、この枝と幹の境まで枯れます。枝を切る場合は、この枝と幹の境の②で切ることが大切です。

もし①で切ると、幹の組織が傷口をふさごうとしても枝の残りがじゃましてなかなかふさぐことができません。そして枝の残りを腐らせる菌が繁殖して勢いを増し、枝が幹に食い込んでいる部分にできる防御層を突破しようとします。樹勢が強ければ防ぐことができますが、衰退していると負けて幹の中にまで材質腐朽菌が入ってきます。

③で切る方法をフラッシュカットといいます。ここで切ると、幹の組織まで切り取ることになり、傷口も大きくなってなかなかふさぐことができず、病原菌も侵入しやすくなって、しばしば胴枯れ病や溝腐れ病になります。枝

切り口を癒合させ、防御層をつくるためには②が正解

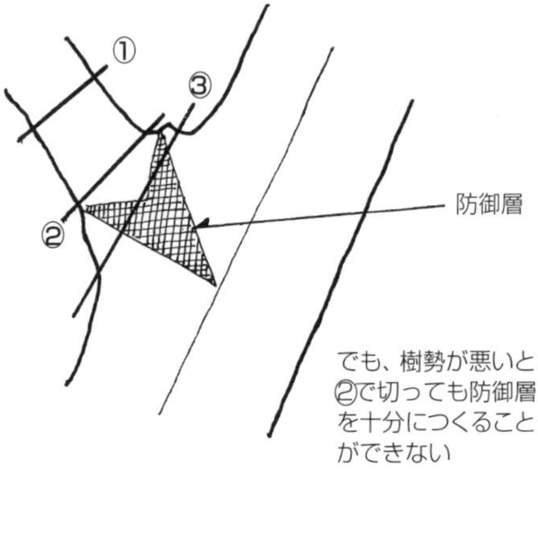
①
③
②
防御層
でも、樹勢が悪いと
②で切っても防御層
を十分につくること
ができない

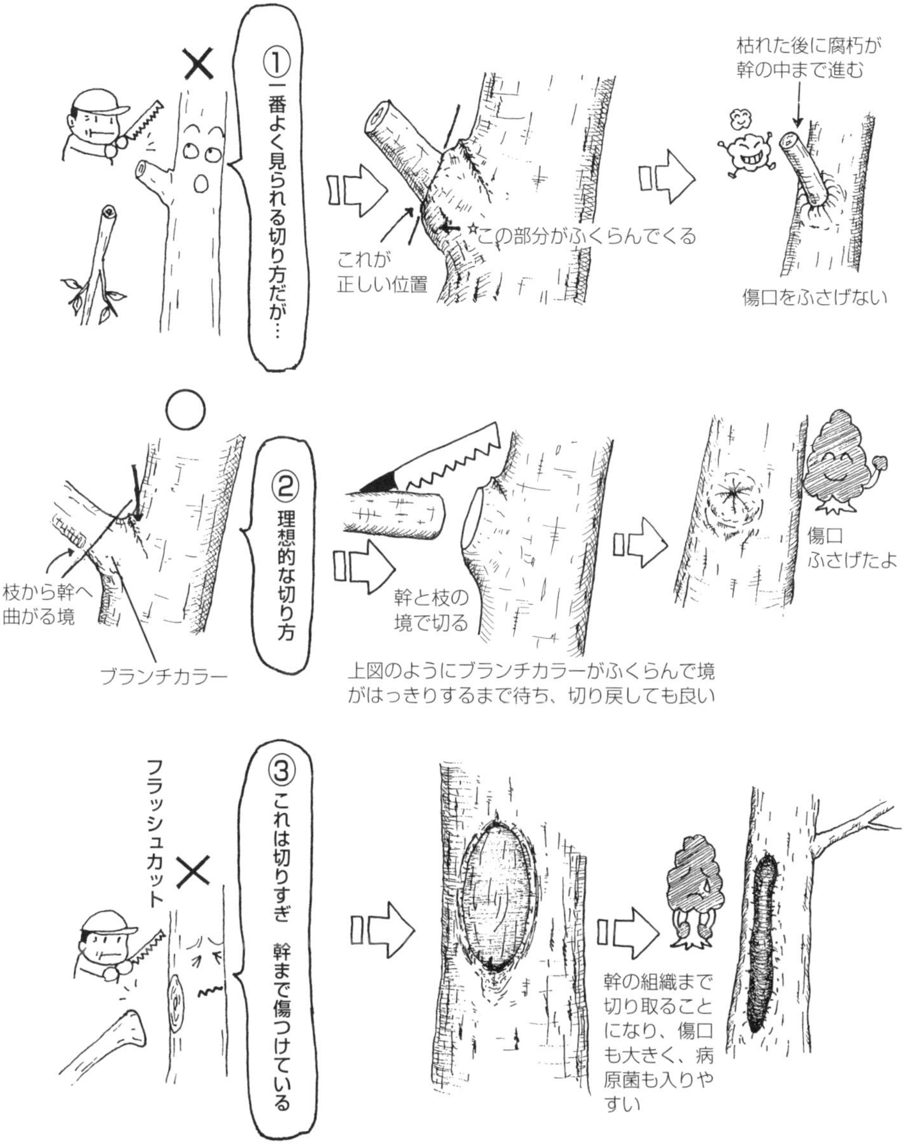
×
①一番よく見られる切り方だが…
これが
正しい位置
☆この部分がふくらんでくる
枯れた後に腐朽が
幹の中まで進む
傷口をふさげない
○
②理想的な切り方
枝から幹へ
曲がる境
ブランチカラー
幹と枝の
境で切る
傷口
ふさげたよ
上図のようにブランチカラーがふくらんで境
がはっきりするまで待ち、切り戻しても良い
フラッシュカット
×
③これは切りすぎ　幹まで傷つけている
幹の組織まで
切り取ること
になり、傷口
も大きく、病
原菌も入りや
すい

を切ったあとにできる防御層も形成できなくなります。

②で切るのが最も良い方法ですが、これでも樹勢が悪いと病原菌が侵入することがあります。生きた枝を切られるというのは、樹木にとってはとてもつらいことです。樹勢が衰退している木であればあるほど、1本の枝も大切にしましょう。

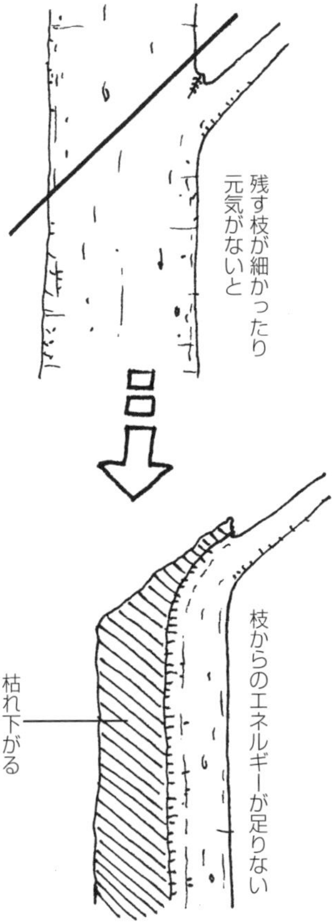
残す枝が細かったり
元気がないと
枯れ下がる
枝からのエネルギーが足りない

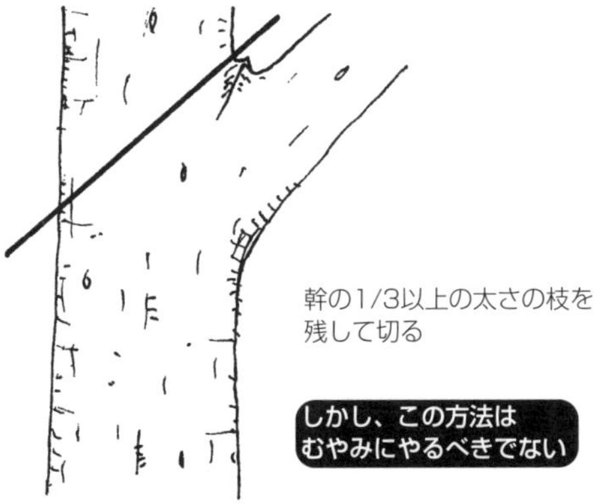
幹の1/3以上の太さの枝を
残して切る
しかし、この方法は
むやみにやるべきでない

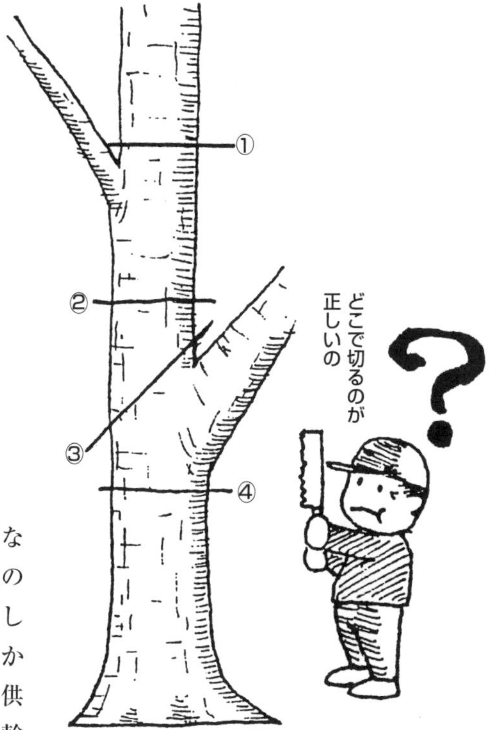
①
②
③
④
どこで切るのが
正しいの

樹高を低くしたいときの幹の切り方

幹をどうしても切らなければならないときは、幹の太さの３分の１以上の太さのある元気な枝を残して切りましょう。残す枝が細かったり元気がなかったりすると、枝からのエネルギー供給が少なくなるので、枝の反対側の幹の樹皮が枯れ下がってしまいます。

また、切る位置は、残す枝の角度と平行に、幹を斜めに切ると、枝からの光合成産物が切り口に運ばれて癒合しやすくなります。

この方法は、むやみにやってはいけません。樹木は自然の樹形が最も美しく、機能も優れているのです。

① ✕ 残す枝が細すぎる

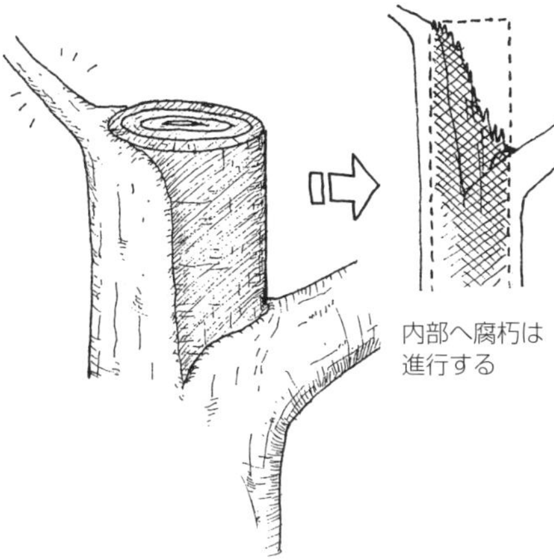
内部へ腐朽は
進行する

② ✕ 残す枝との間隔があきすぎている

腐朽が入る
枝から
エネルギー
がくる
残す枝は太いが…

③ ○ 最も腐朽部分が少ない

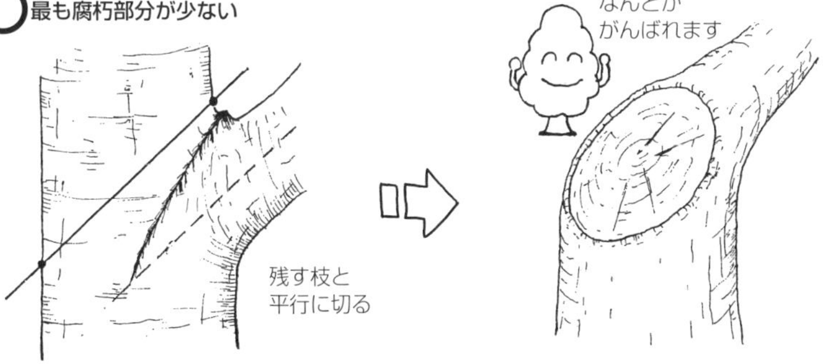
残す枝と
平行に切る
なんとか
がんばれます

④ ✕✕ 問題外

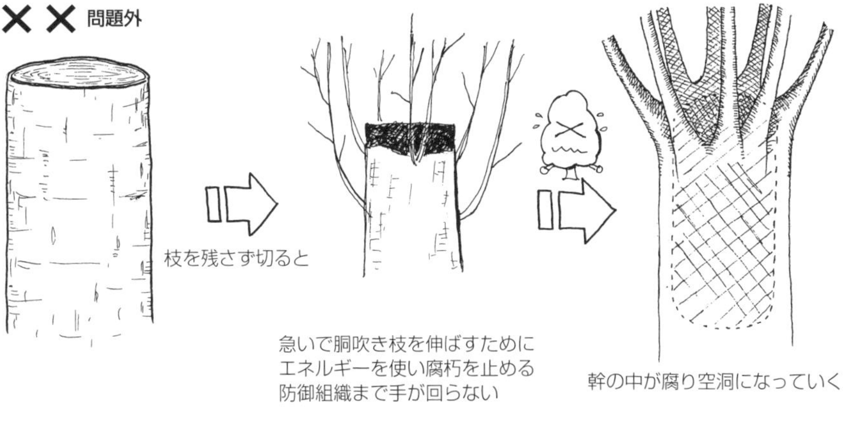
枝を残さず切ると
急いで胴吹き枝を伸ばすために
エネルギーを使い腐朽を止める
防御組織まで手が回らない
幹の中が腐り空洞になっていく

誤った剪定と正しい剪定 | 3

ひこばえもむやみに切らずに

幹更新

胴吹きや
ひこばえは
木のSOS
胴吹き（幹や枝から出る）
不定芽
休眠芽
休眠芽ができたところ
安易に切らないで

土壌改良などで木の活力が高まれば出なくなる

胴吹き・ひこばえの出る理由

ひこばえや胴吹きは見苦しいといわれ、また胴吹き枝を伸ばすと養水分が上の枝にまわらずに上の枝が枯れてしまうといわれ、多くの場合剪定されてしまいます。でも、ひこばえや胴吹きが出るのは、上のほうの枝葉に元気がなくなり光合成能力が下がってきたので、幹、大枝、根にためていたエネルギーを使って急いで葉を出し、光合成をして補おうとしているからです。ですから、ひこばえや胴吹きを取り除いたら、なおさら木を弱らせてしまいます。

樹木が努力してせっかく出したひこばえや胴吹きが切られると、エネルギーが足りないうえに、さらにもう一度葉を出そうとしてエネルギーを使うことになり、木はますます弱ってしまいます。

土壌改良や発根促進をして樹木の活力を高め、ひこばえや胴吹きに頼らなくてもよいように木の樹勢を高めましょう。樹冠の葉が茂って幹や大枝に日光が当たらなくなると、胴吹き枝は出なくなります。

樹木が弱り過ぎて回復の見込みが立たないときは、ひこばえや胴吹きを大切にし、数年経ってから勢いの良い枝や入り皮となる可能性の少ない枝を選んで残し、大きく育てましょう。

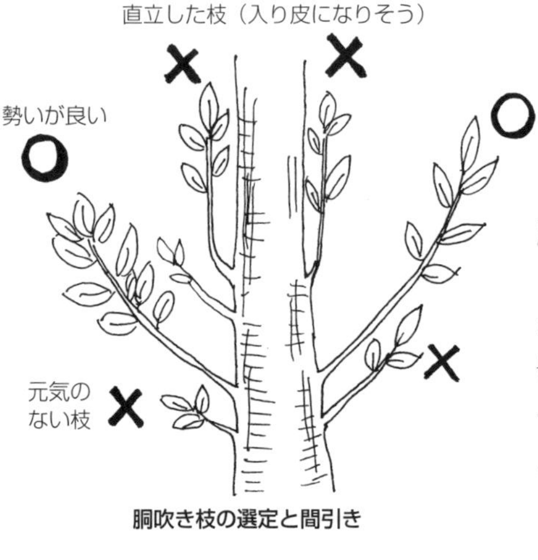

直立した枝（入り皮になりそう）
×
×
勢いが良い
○
○
元気のない枝
×
×

胴吹き枝の選定と間引き

ひこばえの幹更新法

切り株から出るひこばえを育てると株立ちの木となります。普通、ひこばえはたくさん出るので、数年たったら伸ばすひこばえと取り除くひこばえを選ばなければなりません。

切り株の最も高い所から出ているひこばえを残すと、切り株が腐ったときに根元に空洞ができ、そこから材質腐朽菌が入りやすくなります。また、幹同士が接近しているために、入り皮になってしまいます。最も低い位置から出るひこばえには材質腐朽が入ることはほとんどなく、根元もしっかりと安定し、入り皮の恐れもありません。

〈ひこばえの選定と間引き〉

①
②
①高い位置のひこばえ
②低い位置のひこばえ

①を残すと

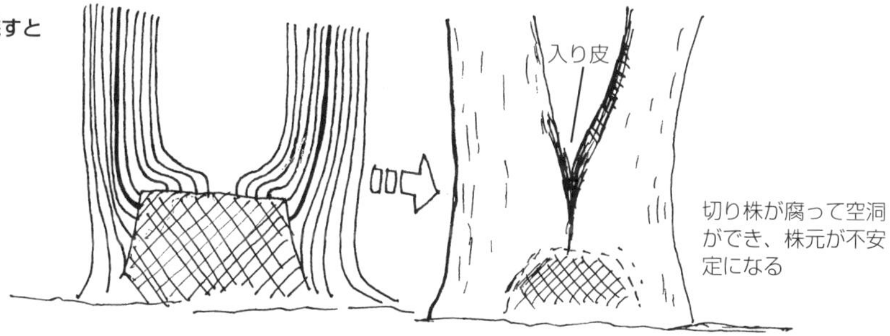
入り皮
切り株が腐って空洞ができ、株元が不安定になる

②を残すと

根元安定
入り皮になりにくい

参考図書

読者の参考となりそうな日本語の図書を以下に紹介しますが、筆者（堀）の友人であるドイツのカールスルーエ研究センターの Prof. Dr. Claus Mattheck の本も、そのすばらしい自筆のイラストとともに、本書で取り上げた課題を理解するのに役立つと思うので、紹介しておきます。

・M.F.アレン著、中坪孝之　堀越孝雄訳（1995）『菌根の生態学』共立出版
・深澤和三(1997) 『樹体の解剖－しくみから働きを探る』海青社
・ゴルファーの緑化促進協力会編（1995）『緑化樹木の樹勢回復』博友社
・原襄　福田泰二　西野栄正（1986）『植物観察入門』培風館
・堀大才（1999）『樹木医完全マニュアル』牧野出版
・堀大才監修、岩谷美苗構成（1999）『木のお医者さんになってみよう』日本樹木医会
・堀大才監修、岩谷美苗構成（1999）『増補版木を診る木を知る』日本緑化センター
・市原耿民 上野民夫編（1997）『植物病害の化学』学会出版センター
・石川統編（2000）『アブラムシの生物学』東京大学出版会
・川上幸男（1996）『不思議な花々のなりたち』アボック社出版局
・岸國平編（1998）『日本植物病害大事典』全国農村教育協会
・小林富士雄　竹谷昭彦編（1994）『森林昆虫』養賢堂
・小林富士雄、滝沢幸雄（1997）『緑化木・林木の害虫』養賢堂
・小林享夫（1996）『庭木・花木・林木の病害』養賢堂
・小林享夫　佐藤邦彦　佐保春芳　陳野好之　寺下隆喜代　鈴木和夫　楠木学　大宜見朝栄（1986）『新編樹病学概論』養賢堂
・河野昭一監修（2001）『Newton植物の世界樹木編』ニュートンプレス
・京都大学木質科学研究所編（1994）『木のひみつ』東京書籍
・久馬一剛　佐久間敏雄　庄子貞雄　鈴木皓　服部勉　三木正則　和田光史編（1993）『土壌の事典』朝倉書店
・真宮靖治編（1992）『森林保護学』文永堂出版
・クラウス·マテック　ハンス·クーブラー著　堀大才　松岡利香訳（1999）『材―樹木のかたちの謎』　青空計画研究所
・クラウス·マテック著　堀大才　三戸久美子訳（1996）『シュトゥプシの樹木入門』日本樹木医会
・クラウス·マテック　ヘルゲ·ブレロアー著、藤井英二郎　宮越リカ訳（1998）『樹木からのメッセージ-樹木の危険度診断』誠文堂新光社
・森田茂紀　阿部淳ほか編（1998）『根の事典』朝倉書店
・日本林業技術協会編（1996）『森の木の100不思議』東京書籍
・日本林業技術協会編（2001）『森林・林業百科事典』丸善
・日本緑化センター編（2001）『最新・樹木医の手引き』日本緑化センター
・日本緑化センター編（2001）『樹木診断様式試案改訂Ⅱ版』日本緑化センター

・西村正暘　大内成志編（1990）『植物感染生理学』文永堂出版
・太田猛彦　北村昌美　熊崎実　鈴木和夫　須藤彰司　只木良也　藤森隆郎編（1996）『森林の百科事典』丸善
・小川真（1980）『菌を通して森をみる』創文
・ヴェルナー・ラウ著、中村信一　戸部博訳（1999）『植物形態の事典』朝倉書店
・酒井昭(1982) 植物の耐凍性と寒冷適応－冬の生理・生態学－学会出版センター
・佐藤満彦（2002）『植物生理生化学入門ー植物らしさの由来を探る』恒星社厚生閣
・アレックス・シャイゴ著、堀大才監訳、日本樹木医訳編(1996)『現代の樹木医学』日本樹木医会
・アレックス・シャイゴ著、堀大才　三戸久美子訳（1997）『樹木に関する100の誤解』日本緑化センター
・島地謙　佐伯浩　原田浩　塩倉高義　石田茂雄　重松頼生　須藤彰司（1985）『木材の構造第5版』文栄堂出版
・清水建美(2001)『図説植物用語辞典』八坂書房
・鈴木英治（2002）『植物はなぜ5000年も生きるのか』講談社ブルーバックス
・高橋英一（1994）『「根」物語-地下からのメッセージ-』研成社
・ピーター・トーマス著　熊崎実　浅川澄彦　須藤彰司訳（2001）『樹木学』築地書館
・土橋豊（1999）『ビジュアル園芸・植物用語事典』家の光協会
・塚谷裕一（2001）『植物のこころ』岩波新書
・湯川淳一　桝田長編著（1996）『日本原色虫えい図鑑』全国農村教育協会
・渡辺新一郎（1996）『巨樹と樹齢－立ち木を測って年輪を知る樹齢推定法－』新風舎

【Prof. Dr. Claus Mattheckの樹木の力学に関する図書】
・C. Matteck(1991) 'Trees, the mechanical design' ,Springer, Heidelberg
・C. Matteck & H. Breloer (1994) 'The body language of Trees-A hand-book for failure analysis' , HMSO
・C. Mattheck & H. Kubler (1995) 'Wood-The Internal Optimization of Trees' ,Springer, Heidelberg
・C. Mattheck(1998) 'Design in Nature-Learning from Trees' , Springer, Heidelberg
C. Mattheck(1999) 'Stupsi explains the tree- a hedgehog teaches the body language of trees' , 3rd enlarged edition. Forschungszentrum Karlsruhe
・K. Weber & C. Mattheck(2001) 'Taschenbuch Der Holzfaulen Im Baum' , Forschungszentrum Karlsruhe
・C. Mattheck(2002) 'Tree Mechanics-explained with sensitive words by Pauli the Bear' ,Forschungszentrum Karlsruhe

【著者略歴】

堀 大才（ほり たいさい）
1947年生まれ
1970年日本大学農獣医学部林学科卒
財団法人日本緑化センター主幹
主な著作 『樹木医完全マニュアル』牧野出版(著)、『最新・樹木医の手引き』(財)日本緑化センター(共著)、『緑化樹木の樹勢回復』博友社(編著)、C.マテックら『材ー樹木のかたちの謎』青空計画研究所(共訳)、A.シャイゴ『樹木に冠する100の誤解』(財)日本緑化センター(共訳)、C.ダーウィン『種の起原』槇書店(共訳)ほか

岩谷 美苗（いわたに みなえ）
1967年島根県生まれ
1990年東京学芸大学教育学部卒
NPO法人樹木生態研究会事務局長 樹木医 森林インストラクター

イラスト
小川 芳彦（おがわ よしひこ）
1968年宮崎県生まれ

図解 樹木の診断と手当て
ー木を診る 木を読む 木と語るー

2002年 9 月 5 日 第 1 刷発行
2024年 6 月30日 第29刷発行

著者 堀 大才
岩谷 美苗

発行所 一般社団法人 農山漁村文化協会
郵便番号 335-0022 埼玉県戸田市上戸田 2-2-2
電話 048(233)9351（営業） 048(233)9355（編集）
FAX 048(299)2812 振替 00120-3-144478
URL. https://www. ruralnet. or. jp/

ISBN978-4-540-01258-7
〈検印廃止〉

製作／條 克己
印刷・製本／TOPPAN(株)
定価はカバーに表示

乱丁・落丁本はお取り替えいたします。